国家出版基金项目

U0312638

太元之酪·蒙古族奶食制作技艺

天工巧匠

"十三五"国家重点图书出版规划项目

中华传统工艺集成

冯立昇 董杰 主编

山东教育出版社
·济南·

萨仁托娅 乌日尼乐图 乌恩宝力格 著

图书在版编目（CIP）数据

太元之酪：蒙古族奶食制作技艺 / 萨仁托娅，乌日尼乐图，乌恩宝力格著. -- 济南：山东教育出版社，2024.9

（天工巧匠：中华传统工艺集成 / 冯立昇，董杰主编）

ISBN 978-7-5701-2856-3

I.①太… II.①萨… ②乌… ③乌… III.①蒙古族－奶制品－食品加工－介绍－中国 IV.①TS252.4

中国国家版本馆CIP数据核字（2024）第010854号

TIANGONG QIAOJIANG——ZHONGHUA CHUANTONG GONGYI JICHENG

天工巧匠——中华传统工艺集成　　　　　　　　　冯立昇　董杰　主编

TAIYUAN ZHI LAO: MENGGUZU NAI SHI ZHIZUO JIYI

太元之酪：蒙古族奶食制作技艺　　　萨仁托娅　乌日尼乐图　乌恩宝力格　著

主管单位：山东出版传媒股份有限公司
出版发行：山东教育出版社
地　　址：济南市市中区二环南路2066号4区1号　　邮编：250003
电　　话：0531-82092660　网址：www.sjs.com.cn
印　　刷：山东黄氏印务有限公司
版　　次：2024年9月第1版
印　　次：2024年9月第1次印刷
开　　本：710毫米×1000毫米　1/16
印　　张：13.25
字　　数：206千
定　　价：86.00元

如有印装质量问题，请与印刷厂联系调换。电话：0531-55575077

| 作者简介 |

    萨仁托娅，蒙古族，高级营养师。历任正蓝旗团委干事、组织部副部长、教育局局长、政协副主席、人大常委会副主任（二级调研员）等。她长期致力于乳业发展，担任察哈尔奶食协会党支部书记，并起草了相关乳业章程，希望通过自己的微薄之力为乳业发展带来帮助和启示。

    乌日尼乐图，蒙古族，国际工艺美术传承师，内蒙古自治区区级非物质文化遗产蒙古族根雕艺术代表性传承人，内蒙古自治区美术家协会会员，内蒙古自治区蒙古族书法协会会员，锡林郭勒盟美术家协会会员。

    乌恩宝力格，蒙古族，博士，呼和浩特民族学院民族学教师。发表论文十余篇，出版专著《蒙古族民俗文化·居住民俗》，主持自治区规划项目、草原文化研究工程三期项目等九项，参与《蒙古学百科全书·民俗》《蒙古族礼仪诵词·婚礼词》《蒙古族礼仪诵词·祝赞词》等书籍的蒙译汉工作。

中华文明是世界上历史悠久且未曾中断的文明，这是中华民族能够屹立于世界民族之林且能够坚定文化自信的前提。中国是传统技艺大国，源远流长的传统工艺有着丰富的科技和人文内涵。古代的人工制品和物质文化遗产大多出自能工巧匠之手，是传统工艺的产物。中国工匠文化的传承发展，形成了独特的工匠精神，在中国历史长河中延绵不绝。可以说，中华传统工艺在赓续中华文脉和维护民族精神特质方面发挥了重要的作用。

传统工艺主要指手工业生产实践中蕴含的技术、工艺或技能，各种传统工艺与社会生产、人们的日常生活密切相关，并由群体或个体世代传承和发展。传统工艺的历史文化价值是不言而喻的。即使在当今社会和日常生活中，传统工艺仍被广泛应用，为民众所喜闻乐见，具有重要的现代价值，对维系中国的文化命脉和保存民族特质产生了不可替代的作用。

近几十年来，随着工业化和城镇化进程的不断加快，特别是受到经济全球化的影响，传统工艺及其文化受到了极大的冲击，其传承发展面临着严峻的挑战。而传统工艺一旦失传，往往会造成难以挽回的文化损失。因此，保护传承和振兴发展中华传统工艺是我们义不容辞的责任。

传统工艺是非物质文化遗产的重要组成部分。2003 年 10 月，联合国教科文组织通过《保护非物质文化遗产公约》，其中界定的"非物质文化遗产"中包括传统手工技艺。2004 年，中国加入《保护非物质文化遗产公约》，传统工艺也成为我国非遗保护工作的一大要项。此后十多年，我国在政策方面，对传统工艺以抢救、保护为主。不让这些珍贵的文化遗产在工业化浪潮和城乡变迁中湮没失传非常重要。但从文化自觉和文明传承的高度看，仅仅开展保护工作是不够的，还应当重视传统工艺的振兴与发展。只有通过在实践中创新发展，传统工艺的延续、弘扬才能真正实现。

2015 年，党的十八届五中全会决议提出"构建中华优秀传统文化传承体系，加强文化遗产保护，振兴传统工艺"的决策。2017 年 2 月，中共中央办公厅、国务院办公厅印发了《关于实施中华优秀传统文化传承发展工程的意见》，明确提出了七大任务，其中的第三项是"保护传承文化遗产"，包括"实施传统工艺振兴计划"。2017 年 3 月，国务院办公厅转发了文化部、工业和信息化部、财政部《中国传统工艺振兴计划》。这些重大决策和部署，彰显了国家层面对传统工艺振兴的重视。

《中国传统工艺振兴计划》的出台为传统工艺的发展带来了新的契机，近年来各级政府部门对传统工艺的保护和振兴更加重视，加大了支持力度，社会各界对传统工艺的关注明显上升。在此背景下，由内蒙古师范大学科学技术史研究院和中国科学技术史学会传统工艺研究会共同策划和组织了《天工巧匠——中华传统工艺集成》丛书的编撰工作，并得到了山东教育出版社和社会各界的大力支持，该丛书也先后被列为"十三五"国家重点图书出版规划项目和国家出版基金资助项目。

传统手工技艺具有鲜明的地域性，自然环境、人文环境、技术环境和习俗传统的不同，以及各民族长期以来交往交流交融，对传统工艺的形成和发展影响极大。不同地域和民族的传统工艺，其内容的丰富性和多样性，往往超出我们的想象。如何传承和发展富有地域特色的珍贵传统工艺，是振兴传统工艺的重要课题。长期以来，学界从行业、学科领域等多个角度开展传统工艺研究，取得了丰硕的成果，但目前对地域性和专题性的调查研究还相对薄弱，亟待加强。《天工巧匠——中华传统工艺集成》丛书旨在促进地域性和专题性的传统工艺调查研究的开展，进一步阐释其文化多样性和科技与文化的价值内涵。

《天工巧匠——中华传统工艺集成》首批出版 13 册，精选鄂温克族桦树皮制作技艺、赫哲族鱼皮制作技艺、回族雕刻技艺、蒙古族奶食制作技艺、内蒙古传统壁画制作技艺、蒙古族弓箭制作技艺、蒙古族马鞍制作技艺、蒙古族传统擀毡技艺、蒙古包营造技艺、北方传统油脂制作技艺、乌拉特银器制作技艺、勒勒车制作技艺、马头琴制作技艺等 13 项各民族代表性传统工艺，涉及我国民众的衣、食、住、行、用等各个领域，以图文并茂的方式展现每种工艺的历史脉络、文化内涵、工艺流程、特征价值等，深入探讨各项工艺的保护、传承与振兴路径及其在文旅融合、产业扶贫等方面的重要意义。需要说明的是，在一些书名中，我们将传统技艺与相应的少数民族名称相结合，并不意味着该项技艺是这个少数民族所独创或独有。我们知道，数千年来，中华大地上的各个民族都在交往交流交融中共同创造和运用着各种生产方式、生产工具和生产技术，形成了水乳交融的生活习俗，即便是具有鲜明民族特色的文化风情，也处处蕴含着中华民族共创共享的文化基因。因此，任何一门传统工艺都绝非某个民族所独创或独有，而是各民族的先辈们集体智慧的结晶。之所以有些传统工艺前要加上某个民族的名称，是想告诉人们，在该项技艺创造和传承的漫长历程中，该民族发挥了突出的作用，作出了重要的贡献。在每本著作的行文中，我们也能看到，作者都是在中华民族的大视域下来探讨某项传统工艺，而这些传统工艺也成为当地铸牢中华民族共同体意识的文化基石。

本套丛书重点关注了三个方面的内容：一是守护好各民族共有的精神家园，梳理代表性传统工艺的传承现状、基本特征和振兴方略，彰显民族文化自信。二是客观论述各民族在工艺文化方面的交往交流交融的事实，展现各民族在传统工艺传承、创新和发展方面的贡献。三是阐述传统工艺的现实意义和当代价值，探索传统工艺的数字化保护方法，对新时代民族传统工艺传承和振兴提出建设性意见。

中华文化博大精深，具有历史价值、文化价值、艺术价值、科技价值和现代价值的中华传统工艺项目也数不胜数。因此，我们所编撰的这套丛书并不仅限于首批出版的 13 册，后续还将在全国遴选保护完好、传承有序和振兴发展成效显著的传统工艺项目，并聘请行业内的资深学者撰写高质量著作，不断充实和完善《天工巧匠——中华传统工艺集成》，使其成为一套文化自信、底蕴厚重的珍品丛书，为促进传统工艺振兴发展和推进传统工艺学术研究尽绵薄之力。

冯立昇

2024 年 8 月 25 日

蒙古族奶制品制作技艺，作为蒙古族传统文化的重要组成部分，承载着深厚的民族情感和独特的饮食文化。正蓝旗，作为内蒙古自治区锡林郭勒盟下的一个旗，以其丰富的草原资源和悠久的民族文化，成为蒙古族奶制品制作技艺的重要传承地。本书以正蓝旗奶制品制作技艺为例，深入探讨蒙古族奶制品制作技艺的历史渊源、文化内涵、技艺特点以及当代价值，旨在传承和弘扬这一宝贵的民族文化遗产。

蒙古族奶制品制作技艺源远流长，其历史可追溯至古代游牧民族的生活生产中。在漫长的游牧生涯中，蒙古族人民以牛、羊等牲畜为主要生活资料来源，并逐渐发展出了独特的奶制品制作技艺。这些奶制品不仅具有丰富的营养价值，能够满足游牧民族在恶劣环境下的生存需求，还承载着浓厚的民族情感和文化内涵。在蒙古族人民的日常生活中，奶制品不仅是一种食物，更是一种文化的象征，是民族认同感和归属感的重要体现。正蓝旗得天独厚的自然环境、区位优势和奶制品的精湛工艺，不仅在我国传统奶制品加工历史上占有独特地位，还为传统奶制品产业现代化发展奠定了坚实的基础。正蓝旗奶食的独特工艺至今仍在当地完好留存，一双巧手、百般变化，造就了"蓝旗奶食甲天下"之美誉。在国家和各级政府的大力支持与高度重视下，自2006年起，正蓝旗每年举办察干伊德文化和技艺评比活动，先后举办了

11 届察干伊德文化节，2007 年成立正蓝旗奶食协会，进一步加快和规范这项富民产业的发展，并获得"中国察干伊德之乡"称号。随着社会现代化的进程和人们生活方式的改变，如今的正蓝旗奶食以传统制作工艺为基础，辅以现代机械设备，不断提升奶食制作技艺，使其向符合市场化运作要求的大众化、标准化休闲产品发展。如今正蓝旗加快了地方特色奶制品产业的发展步伐，在原有 22 种传统奶食的基础上开发出了更多的产品，呈现出工艺精湛、味道鲜美、营养丰富、益于养生的特点，堪称奶食中的珍品，部分产品已畅销国内外，大幅度加快了地方特色经济的发展速度。

蒙古族奶制品制作技艺作为蒙古族传统文化的重要组成部分，具有深厚的文化内涵和独特的技艺特点。正蓝旗作为这一技艺的重要传承地，为我们提供了宝贵的资源和经验。在未来的发展中，我们应该积极挖掘蒙古族奶制品制作技艺的传统文化内涵，加强对该技艺的传承和保护工作，推动其在当代社会的振兴和发展。

目录

察干伊德之歌

青格勒

你聚上都郭勒之灵气，
你取上都草原之精髓，
你集上都牧人之智慧，
你汇上都文化之精粹。

你用纯洁祈福人间，
你用纯香丰饶生活，
你用圣洁祈愿人间，
你用纯美丰富生活。

啊，察干伊德！
啊，察干伊德！
你是草原取之不尽的富美银泉，
你是牧人用之不竭的幸福源泉！

察干伊德之歌

1=C 4/4

♩=65 深情地

作词：青格勒
作曲：包莲花

```
5 | 1 - - 2 3 | 3 5 3 · 1 5 | 5 - - 6 | 2 - - 2 1 |
  你 聚    上 都 郭 勒 之 灵 气，   你 取   上 都
```

```
2 3 5 · 6 5 | 5 - - 1 | 6 - - 2 i | i 6 6 · 5 2 | 2 - - 5 |
草 原 之 精 髓，   你 集  上 都 牧 人 之 智 慧，   你
```

```
3 - - 6 5 | 5 3 3 · 2 1 | 1 - 0 1 2 | 3 3 3 2 3 5 |
汇   上 都 文 化 之 精 粹。   你 用 纯 洁 祈 福 人
```

```
1 - - 3 5 | 6 6 i 2 i i 2 | 5 - - 3 5 | i i i 3 2 i |
间，   你 用 纯 香 丰 饶 生 活，   你 用 圣 洁 祈 愿 人
```

```
6 - - 6 i | 5 5 5 · 6 6 i | i - - 5 | 3 - 2 3 2 | 3 - - 5 |
间，   你 用 纯 美 丰 富 生 活。 啊，   察 干 伊 德！ 啊，
```

```
5 - 3 2 i | 2 - - - | 2 3 i 6 · 6 i | 5 5 6 5 3 3 2 |
察 干 伊 德！   你 是 草 原 取 之 不 尽 的 富 美 银 泉，
```

```
0 1 2 3 5 6 5 | 6 i 2 - - | 2 0 3 2 i | i - - - | i 0 0 ‖
你 是 牧 人 用 之 不 竭 的   幸 福 源 泉！
```

手绘奶制品加工流程

　　奶制品的摄入是当今社会日益增长的一种饮食需要，是促进全民体质健康的重要部分。奶制品及其乳清产品是营养丰富的理想食品，富含人体所必需的多种养分和活性物质，适当摄入对人类体质的增强具有很好的效果。

　　自古以来，中国就是一个统一的多民族国家。在长期的历史发展进程中，中国各族人民共同创造出中华民族灿烂辉煌的饮食文化。对于以游牧经济为主要生产方式的民族来说，他们地处边疆草原，逐水草而居，过着衣皮、饮乳、食肉的游牧生活，牛奶、羊奶、牛羊肉是他们赖以生存的重要食物，特别是牛奶，在其传统生活中逐渐占据了重要地位。他们在奶制品加工制作和食用方面有着许多宝贵的经验，并随着与其他民族交往交流交融，共同形成了具有鲜明特色的中华乳文化[①]，成为世界乳文化中的东方代表。

① 宝音朝克图：《草原乳文化与清代皇室》，《北京档案》2007 年 第 4 期，第 51~52 页。

　　内蒙古奶制品是内蒙古自治区的特色美食之一，以其丰富的种类和独特的风味而闻名。这些奶制品包括鲜奶、酸奶、奶酪、奶皮子、奶豆腐等，它们都是用新鲜的牛奶或羊奶经过特殊的加工工艺制成的。正蓝旗位于内蒙古自治区锡林郭勒盟的南部，是一个以畜牧业为主的地区，正蓝旗的奶制品以其高质量和传统的制作工艺而受到消费者的喜爱。奶食，蒙古语称为"察干伊德"，意为白色、纯净、圣洁的食品，指以畜奶为原料加工制作的各种食品，正蓝旗也是中国"察干伊德文化之乡"。这里的奶制品制作历史悠久，技艺精湛，奶制品的口感浓郁、奶香四溢。

奶制品味道鲜美、营养丰富、种类繁多，在中国各民族饮食体系中都是上品。无论居家餐饮、宴宾待客，还是野外活动，奶制品都是不可缺少的必备品。从原料来源上看，除了最常用的牛奶，蒙古族、维吾尔族、哈萨克族等同胞还用羊奶、马奶、驼奶制作各种奶制品。内蒙古高原因独特的自然地理条件，放养五畜、利用畜产的游牧生产方式，孕育出当地特有的奶制品制作工艺、加工环境、食用方式、储藏方法，同时受到观念、审美、情感等因素影响，形成了相关风俗习惯，共同造就了奶制品的独特风格。

2021 年 8 月 12 日，中共中央办公厅、国务院办公厅印发《关于进一步加强非物质文化遗产保护工作的意见》，其中指出："非物质文化遗产是中华优秀传统文化的重要组成部分，是中华文明绵延传承的生动见证，是连结民族情感、维护国家统一的重要基础。保护好、传承好、利用好非物质文化遗产，对于延续历史文脉、坚定文化自信、推动文明交流互鉴、建设社会主义文化强国具有重要意义。"

正蓝旗是国家级非物质文化遗产——奶制品制作技艺项目保护核心地区，我们在对正蓝旗奶制品传统工艺进行调查研究的基础上，提出了一系列传承与振兴的方案，这些方案不仅能有助于守护好中华民族共有精神家园，还能有效巩固拓展脱贫攻坚成果同乡村振兴有效衔接。

第一章 正蓝旗所处环境

图 1-1　正蓝旗风景图

内蒙古地域辽阔，交通便利，夏季温暖，冬季寒冷，有充足的阳光和适宜的温度，有丰富的地下水资源和地表水，为畜牧业的发展和制作高质量的奶制品提供了良好的条件。而正蓝旗奶制品以其独特的风味和高质量闻名，奶产业成了该地区的特色产业之一。正蓝旗（图 1-1）地处内蒙古高原中部，锡林郭勒大草原东南边缘地区，位于北纬 41°56' ~ 43°11'，东经 115°00' ~ 116°42'，海拔 1200 ~ 1600 米，东西宽约 122 千米，南北长约 138 千米，总面积 10 182 平方千米，是锡林郭勒盟 12 个旗县市之一。其东邻赤峰市克什克腾旗和锡林郭勒盟多伦县，南接太仆寺旗和河北省张家口沽源县，西毗邻正镶白旗，北与锡林浩特市、阿巴嘎旗和苏尼特左旗接壤，全旗总面积 10 182 平方公里。据 2023 年统计，全旗总人口 70 600 人，是汉、蒙古、回、满、达斡尔、藏、鄂温克、土家等民族共同居住生活的地方。上都镇为旗党政机关驻地，距首都北京直线距离仅 260 千米，是全旗政治、经济、文化、交通中心，同时也是京北最典型的草原牧区和京津地区重要的生态屏障。

一、自然环境

正蓝旗北部地表被现代沉积层覆盖，南部以低山丘陵地貌为主。喜马拉雅运动使辖区内构造南北分异，以桑根达来镇以南一带为界，辖区南部地区以低山丘陵及河谷地貌为主，具有地带性典型草原植被。北部属浑善达克沙地，为典型的坨甸相间地貌类型。中部低山丘陵由于地势较高，山体阴阳坡水热条件的再分配差异较大，发育了中生灌丛和中生、旱中生草本植物建群的草甸草原植被。

正蓝旗地区平均年降水量在 360 毫米左右，除东南局部地区外，由东南向西北递减。初雪日一般在 10 月上旬，终雪日一般在次年 5 月上旬。正蓝旗地区草场冬季积雪一般在 5 ~ 10 厘米，这个积雪深度，既能避免黑灾（大面积低温），又不至于形成白灾（雪灾），既不影响牲畜采食，又能起到保护草场的作用。

正蓝旗地表水资源丰富，年平均径流量 5100 万立方米，包括地表水和地下水两个部分。地表水主要包括河流、湖泊（淖尔）和泉水。共有大小河流 21 条，较大的河流有闪电河（上都音高勒河）、黑风河、高格斯台河（图 1-2）、白音宝力格河、羊肠子河、芒哈敖里木河等，时令河有卓龙河、前半台河；大小湖泊有 147 个，总面积为 110.43 平方千米，蓄水量 9101.7 万立方米；

图 1-2 美丽的高格斯台河

境内有泉 16 个，涌水量 160 升 / 秒。旗境内地下水总资源量 32 669.52 万立方米，地下水可开采量 7731.84 万立方米。

正蓝旗土壤大致可分为六大类型，即黑钙土、栗钙土、草甸土、沼泽土、风沙土和石质土。黑钙土主要分布在沼泽地表层，面积 42.9 平方千米左右，占总土地面积的 0.4%；栗钙土分布面积广，面积为 3786.6 平方千米，占总土地面积的 37.2%；草甸土分布于河流两岸的冲积平原和淖尔周边，面积为 42.5 平方千米，占总土地面积的 0.42% 左右；沼泽土分布于河流两岸的沼泽地带，面积为 92.4 平方千米，占总土地面积的 0.90%；风沙土分布于旗北部沙地区，面积约为 4082.9 平方千米，占总面积的 40.09%，是良好的储水构造物。

正蓝旗自然植被属于草原类型。据内蒙古自治区第三次草原资源调查，正蓝旗植物资源有 89 科、340 属、708 种。在草群组成中占有重要地位的饲用植物有 65 科、268 属、548 种。草原植被类型有三大类，分别为温性草甸草原类、温性草原类、低地草甸类。温性草甸草原主要分布于正蓝旗东南部以及南部海拔 1300 ～ 1600 米区域内，占全旗草场面积的 3.7%；温性草原分布于旗东部以及整个北部，面积较大，占全旗草场总面积的 85.7%；低地草甸主要分布于正蓝旗河流湖泊周边低湿地、沙丘间低洼地、盐渍化地，面积较广，占全旗草场面积的 10.6%。

正蓝旗地处阴山山脉北麓东端，地势东高西低，属温带大陆性季风气候，水资源丰富，全旗有多样的植物群落。优越的地理环境，丰富的牧草资源，对畜牧业的发展极为有利，为奶制品的生产奠定了基础。

二、历史概况

正蓝旗历史悠久，早在旧石器时代，就有人类在旗境内辽阔的草原上繁衍生息。春秋战国时期为东胡、乌桓活动地域。秦时为匈奴驻牧地。西汉时为上谷、渔阳两郡北境。东汉时为鲜卑所居。北魏时柔然徙于此地，属燕州辖境。隋大业八年（612），今旗境东部属奚族统辖范围，西部属涿郡辖地。唐总章二年（669），今旗境属桑乾都督府管辖。开元二十九年（741），今旗境属饶乐都督府管辖。元和十五年（820），今旗境属奚与契丹之间拉锯地区。五代时期，今旗境属契丹辽统辖。辽朝时期，今旗境属西京道奉圣州管辖。金天德二年（1150），金朝建桓州城，属西京路桓州管辖。1251 年，忽必烈受命总领漠南汉地军国庶事，驻帐金莲川，五年后"两都巡幸"制度由此开始。明初为开平卫中部，后属林丹汗统辖，归属于北平府，后被划归察哈尔万户地。清天聪四年（1630），察哈尔部归顺后金。顺治五年（1648），清廷将察哈尔部编为八旗，设旗札萨克衙门，因牧民众多、牲畜兴旺而赐名"正蓝旗"。清康熙十四年（1675）后，清廷将其所辖 8 个鄂托克改为左、右两翼八旗，正蓝旗为左翼四旗之一，下辖 6

个苏木。在清朝时期，正蓝旗是八旗之一，因旗色纯蓝而得名。民国初期归属于察哈尔特别行政区。1928年，察哈尔特别行政区改为察哈尔省。1936年，伪察哈尔盟公署成立。1942年日伪当局实行政教分离后设立多伦诺尔旗，北部为原正蓝旗。1945年正蓝旗光复。1949年后，正蓝旗先后隶属于察哈尔盟、锡林郭勒盟。1956年撤销明太联合旗，其属地除1个苏木和正蓝旗1个嘎查划归正镶白旗外，其余苏木均并入正蓝旗。1958年全旗实现人民公社化。1963年调整公社区划。1984年将公社均改为苏木。1987年，将16个苏木改建成13个苏木、3个乡、1个镇，苏木、乡辖109个嘎查（村），镇辖4个居民委员会。2001年撤苏木并镇。2008年，正蓝旗辖2个镇、5个苏木。2012年12月增设1个苏木。至2023年，旗辖3个镇、4个苏木、1个种畜场、1个示范区，苏木、镇辖103个嘎查（村），8个社区。

在乳业发展方面，1954年，明太联合旗乳品厂在黄旗大营子成立。同年，在巴彦都仁庙设立乳品分厂。1958年，正蓝旗乳品厂在哈登胡硕、希伯图庙、扎格斯台庙、查干满哈、高格斯台等地已分别设立5个分厂，全年总厂和分厂从牧区运输牛奶量118吨，加工成品奶粉33.7吨。1959年，在牧区增设8个分厂，每日运奶量约13000千克。1960年，在牧区再增设8个分厂，全旗除总厂外，共有21个乳品分厂，年运奶量达2207吨。经过几十年的发展，旗乳品厂从只生产奶油、干酪素两种产品逐步发展生产出奶糖、奶粉等多种乳产品，已经成为锡林郭勒盟知名的奶制品生产企业。

（一）牧业生产关系变革史

清初，清廷在察哈尔盟划分草场界限实行畜群制。畜群制是王公台吉和皇室家族在经济上对牧民的盘剥手段。后来，这种制度逐渐形成放苏鲁克形式，即以劳役形式出租或代牧，将畜群交给牧民放牧。1948 年，基本完成正蓝旗牧区民主改革工作。1952年开始在全旗范围成立仁斯尼玛常年互助组。1953 年，先后成立常年互助组、季节性互助组、临时互助组、合群互助组等。1956年，明安太仆寺右翼联合旗与正蓝旗合并，成立合作社。1958 年，基本实现牧业合作化。1962 年，将畜群承包给畜群生产组。1966年"文化大革命"开始，部分大队实行两级核算制、统一经营分配等"左"倾做法，给生产带来损失。1981 年，试行"保本经营，增殖归户"的新畜群制。1983 年，开始推行包产到户责任制。1984 年，全旗 13 个牧区苏木完成牲畜、草场双承包制。1981 年至 1986 年，在全旗范围内普遍实行新畜群制度。1989 年，进一步落实草畜"双承包"责任制。1988 年，基本完成全旗草牧场所有权、使用权和有偿承包责任制的落实工作。1990 年，正蓝旗实行承包草牧场制，以现有人口为依据划分到户。

　　总体来说，畜牧业是正蓝旗的基础产业，畜牧业经营历史悠久。古代，这里是各民族交往交流、繁衍生息的绿色摇篮，马逐水草，牛羊布野。元、清两朝，这里是皇室奶制品、肉食品的供应基地，特别是清代，增设了太仆寺左右翼牧群、明安牧群，以及商都牧群驻牧，使这里的天然放牧业呈现一时之盛。清末、民国年间由于自然灾害频发，生产经营方式粗放、落后，大面积放垦，草场锐减，畜牧业经济受到影响。中华人民共和国成立后，消除封建特权，在牧区减免税负，推行民主改革，将旧畜群制改为以户为单位的分散经营，贯彻"三不（不分、不斗、不划阶级）两利（牧主、牧户两利）"政策，畜牧业得到较快发展。随着锡林郭勒盟大力实施"减羊增牛"战略，正蓝旗因地制宜进一步优化产业结构，不仅有效缓解了草原生态环境压力，也提高了畜牧业的经济效益和牧民的收入水平。

（二）棚圈建设史

中华人民共和国成立前，正蓝旗牧民一直过着游牧生活，牧户无定居，牲畜无棚圈。1948年，正蓝旗为牲畜搭建棚圈的牧户仅有2户。中华人民共和国成立以后，加强畜牧业基础建设，人们逐渐意识到牧业基础设施建设对发展和稳定畜牧业生产的重要性。1953年，自治区在首届牧业工作会议上提出"定居、流动放牧"政策，1954年开始牧民逐渐定居，牲畜棚圈建设逐步得到加强。20世纪60年代，牧民大搞牲畜棚圈建设，基本实现羊有圈舍，牛有草棚。1978年，牧区建砖木结构硬棚，畜牧业基础设施得到改善。1981年，进一步加强牲畜棚圈建设。1988年，全旗畜棚有17749处，总面积达784154平方米，每百头牲畜拥有85.95平方米棚；畜圈有15731处，总面积达2674937平方米，每百头牲畜拥有293.2平方米圈，棚圈建设基本达到现代畜牧业发展的要求。1990年，全旗畜棚有33268处，畜圈26174处。1996年，全旗优质畜棚3.58万间，87.26万平方米，畜圈293万平方米。牲畜棚圈结构是砖瓦、水泥、木料混合，坚固保暖，能抵御风、寒、雪等自然灾害。随着畜牧业的发展，正蓝旗新建了大量棚圈，以满足牲畜饲养的需求。截至目前，全旗共有棚圈达到2.56亿平方米。

（三）农林史

正蓝旗处在农牧交错带上，自古以来以农补饲，支撑畜牧业发展，农业是正蓝旗重要的辅助产业之一。清代之前，农业规模不大。雍正二年（1724），清廷把"借地养民"政策改为"开荒养民"。光绪二十八年（1902）推行"移民实边"政策，正蓝旗南部出现大面积农田。民国初建立垦务设置局。民国五年（1916）大力发展农业。1961年，全旗确定3个公社为农业区。1964年后，农业得以稳步发展。中共十一届三中全会以后，全国大力推广应用科学种田技术。20 世纪 80 年代，农民走上了自主经营的道路。进入 21 世纪以来，正蓝旗积极调整种植业结构，养殖业和草业成为农村经济增长点。此外，20 世纪 50 年代正蓝旗积极开展群众性植树造林活动，60 年代林业生产进入大发展时期，70 年代以国有农牧场和农区为重点，大力栽植黄柳防沙治沙。1982 年正蓝旗林业生产重点从农区转移到牧区、沙区。依托"三北"防护林工程、京津风沙源治理工程和退耕还林工程，全旗采取人工造林、封山育林、飞机播种造林等多种措施，为正蓝旗奶业振兴提供了扎实的环境基础。

（四）交通运输的变迁

元代，在今旗境内建上都，多处建立驿站联结四面八方。1261 年，元帝国开始施行"站赤"制度。明朝建立后，锡林郭勒盟地区仍沿袭元朝建立的"站赤"制度。16 世纪初，锡林郭勒还继续着历代王朝的邮驿通信制度。康熙三十年（1691），清政府修建通向内蒙古的五大驿站。乾隆十四年（1749），驿路改道在围场界外。1874 年，多伦淖尔被称为兴化镇，成为关外地区的军事要地、商贸中心和交通运输枢纽。光绪三十二年（1906），驿站事务归邮传部管理。民国二年（1913）驿传制度废。1941 年察哈尔盟地区邮驿、驿路分两片。1946 年，成立总驿站。1952 年，锡林郭勒盟设盟、旗总驿站 5 处，分驿站 21 处。20 世纪 50 年代的运奶交通工具主要是牛车和马车。20 世纪 60 年代，正蓝旗乳品厂有 2 辆汽车、10 多辆马车。到 1978 年，旗乳化厂奶糖运输量达 513.98 吨，奶制品运销量达 46.23 吨，运销全国各地。1986 年，旗乳品厂有运奶汽车 7 辆，牛、马车全部退出运输舞台，由此，驿站之路亦逐渐萧条。

各级别公路总体建设是在中华民国建立初期。1958 年，正蓝旗开始修建 207 国道。随后，开展国道建设，主要涉及 S308 省道、S308 线和 S105 省道。正蓝旗县道建设主要是哈登胡硕至上都音高勒公路建设、康保至上都音高勒公路建设和 502 线上都镇至塞北管理区交界段公路建设。正蓝旗乡道建设主要涉及 12 条。2001 年至 2008 年是建设嘎查（村）公路的黄金时期，截至 2010 年底，正蓝旗共有行政嘎查（村）103 个，嘎查（村）公路 85 条，公路里程达 799.06 公里。至此，正蓝旗基本实现村村通公路的新局面。

正蓝旗历史发展变化主要体现在基础设施建设、行政区域调整、经济发展等方面。古代驿站盐道商道交通历史悠久，经历了元、明、清等多个历史时期的发展和演变，随着现代交通工具的出现，传统交通方式逐渐被取代，基础设施建设不断完善，行政区域经历多次调整。这些发展变化不仅具有重要的经济和文化价值，而且也具有重要的历史和战略意义，为地区经济社会发展提供了更好的条件。

三、畜牧经济

我国畜牧业历史悠久，早在公元前 11 世纪就有关于畜牧业的记载。随着农业技术的发展和人口的增长，畜牧业逐渐成为我国重要的产业之一。

（一）经济总量和畜牧总产值

1949 年，正蓝旗国民经济总产值为 544.77 万元，其中畜牧业总产值为 459.97 万元，占总产值的 84.4%。1949–1958 年，全旗国民经济总产值平均每年达到 929.45 万元，其中畜牧业总产值平均每年达 695.41 万元，占总产值的 74.82%。1959–1968 年，全旗国民经济总产值平均每年达到 1919.47 万元，其中畜牧业总产值平均每年达 1469.67 万元，占总产值的 76.57%。1969–1978 年，全旗国民经济总产值平均每年达到 2505.72 万元，其中畜牧业总产值平均每年达 2027.46 万元，占总产值的 80.91%。1979-1988 年，全旗国民经济总产值平均每年达到 3342.21 万元，其中畜牧业总产值平均每年达 2534.34 万元，占总产值的 75.83%。1989-1998 年，全旗国民经济总产值平均每年达到 18 370.98 万元，其中畜牧业总产值平均每年达 13 682.38 万元，占总产值的 74.48%。1999-2010 年，全旗国民经济总产值平均每年达到 40 733.44 万元，其中畜牧业总产值平均每年达 27 098.57 万元，占总产值的 66.53%。

（二）畜产品总产量

1949 年，锡林郭勒盟的牲畜总头数为 166.98 万头（只），其中正蓝旗牲畜仅有 14 万头（只）；1956 年，全旗牲畜总数 38 万多头（只）；1970 年，全旗牲畜总数 754 万多头（只）；1978 年，全旗畜产品总产量中绒毛 1055.1 吨，奶 2553.5 吨，肉 1962 吨，蛋 117 吨，皮 6.44 万张；1989 年，全旗牲畜总头数首次突破百万大关；1990 年，全旗畜产品总产量中绒毛 2194 吨，奶 19943 吨，肉 2640.4 吨，蛋 186 吨，皮 5.1 万张。1989-1994 年，正蓝旗连续五年牲畜总头数超百万，畜产品产量、质量均在锡林郭勒盟和自治区名列前茅。

（三）活畜和畜产品的商品率

根据 1949-1990 年统计数据记载，全旗所出售的大小畜总量为 2 265 634 头（只），猪 69 293 头（只）。1949 年，活畜和畜产品年商品率为 6.55%；1950-1959 年，活畜和畜产品年平均商品率为 12.39%；1960-1969 年，活畜和畜产品年平均商品率为 10.91%；1970-1979 年，活畜和畜产品年平均商品率为 9.09%；1980-1989 年，活畜和畜产品年平均商品率为 11.17%。从 1952-1990 年间，共出售牛羊肉 30 078.8 吨，猪肉 6 364.02 吨，皮 287.2 万张，乳 19 700 吨，奶制品 2187 吨，蛋 1 330.25 吨，各种家畜绒毛 27 853.7 吨。20 世纪 90 年代以后，全旗畜产品数量不断增加。2008年，全旗畜牧业总产值达54 647万元，相比2000年的20 069.3万元增长了1.7倍。

正蓝旗的畜牧经济发展呈现出平稳增长、结构优化、产业快速发展、家庭牧场和合作社发展以及与其他产业结合的特点。这些特点表明正蓝旗的畜牧业正在向着高效、绿色、生态的方向迈进，为地区经济发展提供了有力的支撑。正蓝旗正积极促进现代农牧业提质增效，加快完善现代肉牛乳全产业链，大力推动品种培优、品质提升、品牌打造。

四、文旅科教

正蓝旗具有融草原、森林、沙地、湖泊、文物古迹等为一体的得天独厚的旅游资源，是驰名中外的锡林郭勒大草原上璀璨的明珠，主要文旅资源有：元上都遗址、金桓州遗址、金莲川、乌和尔沁包、黑风河、白音宝力格、阿拉腾希热图、小扎格斯台、高格斯台、贺里木图等。2006年，正蓝旗被国家民委评为"全国民族文化旅游十大品牌"。2008年，被列为全国66个文化旅游大县之一。

元上都遗址坐落于美丽的锡林郭勒草原南部正蓝旗境内，地处闪电河畔水草丰美的金莲川草原（图1-3），南临上都河，北

图1-3 金莲川草原

图1-4 元上都遗址

依龙岗山，距今已有700多年的历史，是中国历史政权元王朝的首都遗址、蒙古文化的发祥地，蒙古王朝政治、经济、文化、宗教以及对外交往的中心。早在13世纪，她的美名便通过《马可·波罗游记》传遍全世界。元代诗人王恽《中堂事记》中用这样的文字记载上都的山川形胜："龙岗蟠其阴，滦江经其阳，四山拱卫，佳气葱郁，都东北不十里，有大松林，异鸟群集。""山有木，水有鱼，盐货狼藉，畜牧蕃息。"元上都遗址（图1-4）是我国现存规模最大、历史最久、级别最高、保存最完整、格局最独特的草原都城遗址，在历史、文化、建筑、艺术等诸多方面研究价值巨大。1988年被确定为全国重点文物保护单位。1996年首次被列入中国申报世界文化遗产预备名录。2011年成为中国申报世界文化遗产的唯一项目。2012年6月29日在俄罗斯圣彼得堡召开的联合国教科文组织第三十六届世界遗产委员会会议上成功被列入世界文化遗产名录，成为中国第四十二处世界遗产，内蒙古自治区实现了世界文化遗产零的突破。

金桓州古城遗址位于上都镇北4公里处。桓州城建于公元810年，为乌桓游牧故地，金代政治、军事重地。古城呈方形，周长4公里左右，东、西各有一座城门。城墙周围有向外凸出的马面，彼此间距60米左右。古城东北角有方形子城，中部、西南及中部偏南有建筑物台基遗址，保存尚好。1215年，成吉思汗曾在这里驻军，为夏营。1986年，金桓州遗址被列入自治区重点文物保护单位。

正蓝旗深厚的文化积淀、源远流长的历史传承和各族人民的聪明才智，使这片美丽的土地成为文化名人的摇篮。古往今来，从这里走出了许多军事家、文学家、诗人、科学家、音乐家、历史学家、画家等杰出人物，他们继承了中华民族的创造精神和优秀品德，在振兴民族精神、弘扬民族文化、传播社会文明、推动科学发展等方面作出了非凡的贡献。

中国现代著名诗人纳·赛音朝克图、著名历史学家赛熙亚勒、著名歌手朝鲁、画家阿格旺、现代小说家钢·普日布等，都是在正蓝旗这片沃土上出生、成长的。旗委、政府把文化工作作为加强社会主义精神文明建设的一项主要内容来抓，充分发挥忽必烈广场、纳·赛音朝克图（图1-5）文化中心的阵地作用，不断深

图1-5　纳·赛音朝克图纪念碑

图 1-6　冬季的浑善达克

化文化体制改革，挖掘整理出一批非物质文化遗产，全面推动了全旗文体事业的繁荣发展。2008 年，正蓝旗被命名为"中国察干伊德文化之乡"。第二届中国·元上都文化旅游节荣膺"2009 中国节庆产业金手指奖"，被列入"十大民俗类节庆"。

在科教方面，浑善达克（图 1-6）沙地南缘带治理区、乌和尔沁敖包林场、上都河青少年林、上都电厂等 11 处被命名为青少年思想道德教育基地。正蓝旗进入自治区"八星级"文明城镇行列，上都镇被评为"全区文化传承魅力名镇"。正蓝旗政府坚持全面实施"科教兴旗战略"，不断加大科普工作力度，大力推广实用技术，稳步推进科技体制改革。正蓝旗政府积极与中科院、内蒙古畜牧研究所、内蒙古农业大学、内蒙古师范大学、内蒙古民族文化产业研究院等科研机构和高等院校加强合作，以实施科技项目带动培育优势产业为重点，稳步推进科技示范体系建设，建立了生态建设试验示范点、奶牛业科技示范园区等。

2012 年，全旗拥有各类科技示范园区 10 处，科技示范嘎查（村）35 个，科技示范户 110 户，其中区级 7 户，盟级 12 户，旗级 91 户。有 20 多项新推广的实用技术项目取得成果，获得县级以上科技进步奖。2021 年，全旗已发展各类农牧科技协会 56 个，培育发展盟级以上科普示范基地、科普示范协会 10 多个，其盟级示范学校 3 所、盟级科普示范基地 2 处、盟级科普教育基地 2 处、科普 e 站 10 处、星级农技协会 3 处、自治区科技教育示范学校 1 所，自治区科普教育基地 2 处，全国科普惠农兴村先进单位 2 个。

正蓝旗地处黄金畜牧带，是典型的草原牧区，自然资源多样，物产资源丰富，拥有元上都遗址、金界壕等历史文化遗产，以及独特的蒙古族民俗文化和传统手工艺，还有涵盖了文化、旅游、教育、科技等多个领域的高素质、专业化的人才队伍，这些资源为正蓝旗的乳业发展提供了得天独厚的条件。

五、区位优势

正蓝旗交通四通八达，是连接锡林郭勒大草原与内地的交通要冲。207 国道、308 省道、呼海大通道与集通铁路、锡桑铁路、锡蓝铁路在境内纵横交织。作为连接内蒙古东西部的大动脉集通铁路，自正蓝旗向西可经集宁站与中国通往欧洲的大陆桥桥头堡二连浩特市相连，通过呼海大通道，正蓝旗与另一欧亚大陆桥必经地满洲里市相接。旗政府驻地上都镇距首都北京直线距离仅 260 公里，距自治区首府呼和浩特市 500 公里，距盟行署驻地锡林浩特市 230 公里，距河北省张家口市 246 公里。正蓝旗公路总里程 877 公里，主要干线公路有国道 207 线 134 公里、省道 308 线 166 公里、省际通道 112 公里、县道 62 公里、苏木镇公路 130 公里、嘎查（村）公路 219 公里。公路的畅通，有力地拉动了当地经济和社会发展，促进了土地、矿产资源的增值开发和小城镇建设的快速发展。

当前，正蓝旗正全力推动交通基础设施建设，持续优化路网结构。在"十三五"期间，全旗完成了交通固定资产投资65.43亿元，开工建设了国道242、国道331、国道335和甘乌高速甘其毛都至海流图段等重点项目。高效的投资和建设不仅有助于提升当地交通基础设施水平，也有助于吸引外来投资和促进地区经济发展。正蓝旗已经初步形成了以城区为中心、国省干线为骨架、农村公路为脉络的便捷畅通的公路网络。全旗通车里程达到5 379.2公里，国省干线覆盖全旗12个苏木镇（场），覆盖率达100%，完善的路网结构为全旗畜牧业的发展提供了强有力的支撑。

六、产业结构

上都电厂是国家重点建设项目"西电东送"工程的主要电源，是锡林郭勒大草原有史以来落户的最大经济建设项目，2003年开工建设，两期工程安装4台共120万千瓦国产亚临界燃煤空冷发电机组，完成投资104.37亿元，主要供电方向为京津唐电网，成为2008年北京奥运会的重要电源，至2010年累计发电135亿千瓦时。上都电厂在拉动周边地区经济发展的同时，实现了锡林郭勒盟煤炭资源的就地转化。在上都电厂的辐射带动下，建立了以风能互补，粉煤灰、石膏综合利用，风机塔筒、扇叶及易损件制造等为延伸的电力能源基地。

上都工业园区始建于2003年，规划总面积12.25平方公里。2012年升级为盟级工业园区；2014年列入自治区第八批工业循环经济园区。2021年上都产业园明确了主导产业为能源和农畜产品加工产业。园区现有企业39户，其中建成30户、在建7户、新建2户。2021年，园区实现产值45.14亿元、上缴税收1.62亿元。按照园区总体规划，产业区块构成为"一核心、五板块"的整体空间结构，其中，地方特色产业板块依托正蓝旗丰富的农畜资源和深厚的文化底蕴，集聚发展察哈尔特色奶制品、高端奶制品、高端营养食品、肉制品、绿色畜产品以及民族手工艺品、察哈尔民族服饰、旅游纪念品、生活日用品等加工制造产业，重点布局建设绿色畜产品、屠宰加工高端乳肉制品、营养食品、生物科技、民族用品（蒙古包）制造等五个产业组团。

电厂、产业园和基础设施的建设在奶制品产业中发挥着重要的作用。电是奶制品生产中不可或缺的能源，奶制品加工需要大量的电力来驱动机器和设备，进行制冷和加热等过程。稳定的电力供应对于保证奶制品加工过程的连续性和产品质量至关重要。产业园是奶制品产业发展的重要载体，可以提供完善的生产设施和配套服务，吸引奶制品企业聚集，促进产业集群的形成。总之，奶制品产业基础设施建设是一个多元化、系统化的工程，需要从多个方面入手，加强协作和配合，形成完整的产业链和产业体系。

第二章
正蓝旗奶制品
加工技艺的历
史渊源

奶制品及其相关产业是在历史长河中不断发展起来的。中华民族的祖先最开始是从畜牧业中获取人类所需的物质生产资料的。当畜牧业的生产力逐步开始出现剩余时，家畜便成了人们更好的物质生产生活资料的来源。

根据现今的考古资料表明，在仰韶文化以及大汶口文化时期，大量的牛、马、羊已经被人类驯化。到公元前 11 世纪左右的殷商时期，牛、马从人们的肉食来源变为主要的畜力来源，同时提供其皮毛以及奶制品源料。

一、隋唐五代之前中国奶制品制作与消费

随着生产力的发展，人们逐渐学会和掌握了奶制品的制作技艺。在秦汉时期，奶及奶制品已经流行于中国北方民族，成为人们饮食生活的重要组成部分。而在中原地区，人们对奶制品的营养价值也有所认识。当时，奶制品只是少数社会上层人士的专享物资。

游牧民族的饮食一般被描述为"食肉饮酪"。《汉书·西域传》中记载：胡人以肉为食，以乳为饮。指的是西域民族以肉类和奶制品为主要食物来源的生活现象。汉文帝时期，匈奴人就可以用马奶制作酸马奶，时人称之为马酒。如史料所记："匈奴之俗，人食畜肉，饮其汁，衣其皮；畜食草饮水，随时转移。"[1] "乌桓者，本东胡也。……俗善骑射，弋猎禽兽为事。

① 〔汉〕司马迁：《史记·匈奴列传》，中华书局 1959 年版，第 2879 页。

①〔宋〕范晔：《后汉书·乌桓鲜卑列传八十》，中华书局1959年版，第2979页。
②〔宋〕赵珙：《蒙鞑备录》，上海书店1983年版，第11页。

随水草放牧，居无常处。以穹庐为舍，东开向日。食肉饮酪，以毛毳为衣。"① "鞑人地饶水草，宜羊马，其为生涯，只是饮马乳以塞饥渴。凡一牝马之乳可饱三人。出入只饮马乳，或宰羊为粮。故彼国中有一马者，必有六七羊，谓如有百马者，必有六七百羊群也。"② 乌桓、鲜卑、柔然相继兴起活动于锡林郭勒草原，留下了丰富的物质文化遗产。魏晋南北朝时期，鲜卑在阴山南建立政权，正蓝旗所在区域为鲜卑所辖，北部地区则成为柔然的勃兴之地。伊和淖尔墓葬群是目前在国内发现的纬度最北的北魏贵族墓群（图2-1），位于多伦县、正蓝旗和太仆寺旗境内的北魏长城，散落在锡林郭勒草原上的石板墓、石堆墓、石雕人像，有力见证了各民族在这片土地上的交往交流交融。

汉代开始就有了"马逐水草，人仰湩酪"的文字记载，马湩即酸马奶，是在北方游牧民族中非常流行的一种饮料。以奶为

图2-1　墓室壁画

原料蒸馏出的奶酒，同样是北方游牧民族普遍流行的饮料。奶
酒在少数民族居民心中的地位极其重要，被视为"圣洁之物"，
在隆重的祭祀活动或盛大的节日时，奶酒必不可少。（图 2-2、
图 2-3）

　　三国时期的中原地区，奶及奶制品仍被看作稀奇之物，只
有少数贵族才有机会食用。魏晋南北朝时期，民族融合不断加
强，北方少数民族饮食习俗随之传入中原，奶制品及其制作技
艺也传入中原，在中原地区开始流传并产生一定的影响，后逐
渐扩展到长江以南地区。在南北朝时期，虽然在北方地区奶制
品已成为人们的日常饮食，但很多南方人仍然不习惯于食酪，
在此背景下产生了有名的"羊酪与莼羹之争"的典故。在南北
朝后期，南方人对乳酪的看法有所改观，并开始接受这种营养
丰富的食品，但流行的程度远不如北方。北魏贾思勰在《齐民
要术》第 6 卷（图 2-4）中有做酪法、做干酪法等专篇，介绍

图 2-2　1924-1925 年蒙古国诺颜乌拉的
匈奴墓考古挖掘现场

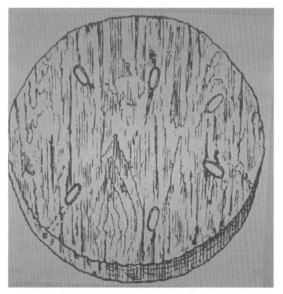

图 2-3　诺颜乌拉巨冢 - 匈奴单于墓出土含有奶渣的实物

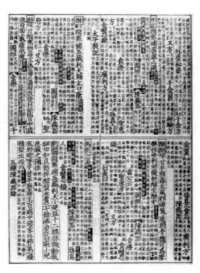

图 2-4　北魏贾思勰的《齐民要术》卷 6

了乳酪的制作和加工技术，这是现存最早的关于乳品制作方法的汉字记载^①。此时，奶及奶制品在制作肴馔中的使用有所增加，如牛乳、羊乳、酪、乳腐（干酪）、酥（酥油）等都进入了肴馔的制作过程。

隋唐五代时期，民族融合进一步加强，奶食在当时属于珍贵的食品，人们常用奶制品来比喻美好的事物。如《新唐书·穆宁传》记载："兄弟皆和粹，世以珍味目之。赞，少俗然有格，为'酪'；质，美而多入，为'酥'；员，为'醍醐'；赏，为'乳腐'云。"^②这一时期，北方游牧民族更多的是将奶及奶制品直接食用，而中原及南方的人们除直接食用部分奶食外，更多的是将其用于馔肴的制作。隋代谢讽《食经》^③中记载了许多食品名称，如"贴乳花面英""加乳腐"，以及"添酥冷白寒具"（寒具为馓子）等，用到了"乳""酥"等字，这直接说明了乳品是制作馔肴的重要原料。唐代韦巨源《烧尾食单》^④中也有不少馔肴的原料是乳品，如菜肴"乳酿鱼（完进）""仙

① 缪启愉、缪桂龙：《齐民要术译注》，上海古籍出版社 2009 年版，第 427-436 页。

②〔宋〕欧阳修、宋祁：《新唐书·穆宁传》，中华书局 1975 年版，第 5016 页。

③〔宋〕陶谷：《清异录·饮食部》，李益民注释，中国商业出版社 1985 年版。

④〔宋〕陶谷：《清异录·饮食部》，李益民注释，中国商业出版社 1985 年版。

人酥（乳瀹鸡）""玉露团"等，馔品有"单笼金乳酥""巨胜奴""金铃炙"等。

二、宋元时期的奶制品及其加工

宋朝时奶制品消费已经成为常态。为了保证宫廷的奶食供应，在光禄寺下设有"乳酪院"，专门负责酪酥的供应[①]。在县一级的市场上人们也可以买到酪等奶制品[②]。此时，奶及奶制品也是制作看馔的重要原料，尤其是在馔品制作中。《吴氏中馈录》中有"酥饼方"，还有"酥儿印方"[③]。此外，市肆上也有出售乳品和添乳看馔的店铺，如"乳酪张家"等店铺，出售有乳酪、鲍螺、滴酥、乳饼之类的乳品和添乳看馔。同时，人们重视奶食的养生功能，在一些食疗方中用到了它。在饮品方面，由于民俗传承的惯性，在宋代时的茶汤中添加盐、酪和辛香料的饮法十分流行，已经趋近于今天的奶茶。

13 世纪中期忽必烈在正蓝旗金莲川草原上建立了元代第一都城——元上都。元上都是元代政治、经济、文化中心之一，是各民族生活重要的聚集地。作为欧亚草原游牧文明的重要代表，元上都被西方人比作"世外桃源"，成为 13 世纪草原上升起的一颗璀璨之星，备受世人瞩目。[④] 元代诗人萨都剌在五言绝句《上京即事》中描述了当时游牧生活的场景："牛羊散漫落日下，野草生香乳酪甜。卷地朔风沙似雪，家家行帐下毡帘。"

2019 年考古工作者在今蒙古国库苏古尔盟乌兰乌拉苏木发掘清理出的墓群，被认定为元代蒙古贵族家族墓。墓中出土了大量的陶罐器具，三个较大规格的陶罐中装有油脂类奶制品（图2-5）。考古学家根据实物断定罐中油脂类奶制品即元代的"酥"与"醍醐"。

元朝建立以后，各民族之间饮食的交流更加频繁，因此和前

① 俞为洁：《中国食料史》，上海古籍出版社 2011 年版，第 304 页。
② 刘朴兵：《唐宋饮食文化比较研究》，中国社会科学出版社 2010 年版，第 273 页。
③ 吴氏中馈录：《本心斋疏食谱（外四种）》，中国商业出版社 1987 年版，第 28—29 页。

④〔宋〕孟琪：《蒙鞑备录》，上海书店 1983 年版，第 11 页。

图 2-5 蒙古国库苏古尔盟乌兰乌拉苏木元时期贵族家族墓出土

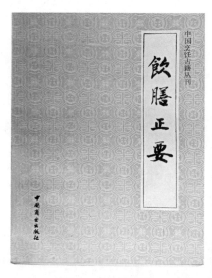

图 2-6 《饮膳正要》

代相比，不仅在汉族居民中奶食普遍地被接受，而且用其制作的馔肴和饮品大为增加，达到一个高峰。在《饮膳正要》中涉及的奶制品就有牛酥、牛酪、牛乳腐、羊酪、马乳、驼乳等。在贾铭的《饮食须知》中也著录了乳酪、酥油和乳饼的性味与宜忌。用奶及奶制品制作的著名菜肴有《云林堂饮食制度集》中的"雪盒菜"，这种加"乳饼"蒸的青菜心在口味上有所创新①。此外，宫廷菜肴中"荤素羹""珍珠粉""薹苗羹"等的制作中都用了乳饼。《饮膳正要》（图 2-6）中还记载有"乳饼面"，它是一种食疗方剂，可以治脾胃虚弱，赤白泄痢②。在馔品和饮品制作方面，很多品种的制作原料中均有奶及奶制品。如《居家必用事类全集》中记有"搋

① 〔元〕倪瓒：《云林堂饮食制度集》，邱庞同编，中国商业出版社 1984 年版，第 9-10 页。

② 〔元〕忽思慧：《饮膳正要》，李春方译注，中国商业出版社 1988 年版，第 186 页。

图 2-7 马可波罗

图 2-8 《蒙古秘史》

茶"，其制作方法为："将芽茶汤浸软，同去皮，炒熟，茶、芝麻擂极细，入川椒末、盐、酥油饼，再擂匀细。如斡旋添浸茶汤。如无油饼，斟酌以干面代之。入锅煎熟，随意加生栗子片、松子仁、胡桃仁。如无芽茶，只用江茶亦可。"①

　　元朝军队将马奶和奶干作为常备的军旅食品，作为士兵的能量补充。意大利旅行家马可波罗（图 2-7），在其《马可波罗游记》（1275）中写道："……这个军队必要时可以连续行军一个月，全赖干燥奶制品充饥。"当年成吉思汗征战欧亚大陆时，曾设立多个万匹养马场，出征时有几十万匹母马随军而行，以便战士取马乳就乳干食之，乳尽则杀马食肉。这就克服了长途跋涉、粮草转运的困难，使军士保持强健的体力，勇猛作战而大获全胜。

　　《蒙古秘史》（图 2-8）卷四中记载："成吉思汗……其颈被伤，……好生渴得甚谁？于车厢中寻马奶不得，只有酪一桶挈，又寻水来将酪浆调开与成吉思汗饮，成吉思汗旋饮旋歇，三次方已。"14 世纪，著名的元代宫廷饮膳太医、营养学家忽思慧所著的《饮膳正要》中把马奶的特点和作用阐述为：性轻而温，味

①〔元〕无名氏：《居家必用事类全集》，邱庞同注释，中国商业出版社 1986 年版，第 6 页。

甜、酸、涩。具有增强胃火，助消化、调理体质，柔软皮肤、活血化瘀，改善睡眠，解毒，补血等功效。《黑鞑事略》（图2-9）中曾述："其军粮，羊与湩，手捻其乳曰湩，马之初乳，日则听其驹之食，夜则聚之以湩，贮以革器，倾桐数宿，味微酸，始可饮，谓之马奶子。"元代除马乳、牛、羊乳被广为

图2-9 《黑鞑事略》

利用外，骆驼乳也作食用。当时把驼乳麋、紫玉浆（羊奶）、玄玉浆（马奶子）及醍醐等列为元代"迤北八珍"。

从我国史书上可以了解到当时蒙古族饮用马奶和酸马奶的情况。如《黑鞑事略》中写道："……其饮马乳与牛羊酪。"《蒙鞑备录》中写道："鞑人地饶水草，宜羊马，其为生涯，只是饮马乳以塞饥渴，凡一牝马之乳可饱三人。出入只饮马乳或宰羊为粮。"《蒙古秘史》也有这方面的记载，如铁木真为找回被盗的八匹惨白骟马，清晨"途见多马群中，有一伶俐少年挤马乳[①]"；把铁木真从泰赤乌部中救出的锁儿罕失剌家"其家有征，每注乳，澎之彻夜达旦[②]"等。外国旅行者也有类似记载，如《鞑靼纪事》中写道："如果说他们喝什么，则有马奶、牛奶、羊奶等……如果说他们军队的食粮则是羊肉、酸马奶。马奶白天还给其马吮，晚上则挤聚起来储存到皮桶中，搅几夜有了一定劲道才喝，这个叫酸马奶……"[③]

如在元代的诈马宴[④]、一年一度的那达慕大会[⑤]上，蒙古族在演唱英雄史诗"江格尔"时，都要饮奶酒。奶酒也会作为婚礼等宴会招待客人的名贵饮料。由此可见，奶酒在各游牧民族

① 道润梯步:《蒙古秘史》（新译简注），内蒙古人民出版社1979年版。

② 道润梯步:《蒙古秘史》（新译简注），内蒙古人民出版社1979年版。

③ 仁钦:《蒙古族传统奶制品》，内蒙古人民出版社1983年版，第36页。

④ 诈马宴，是蒙古族特有的庆典宴飨，整牛席或整羊席。

⑤ 那达慕大会，是蒙古族历史悠久的传统节日，这是为了庆祝丰收而举行的文体娱乐活动。"那达慕"，蒙语中可译为"娱乐、游戏"，也表达丰收的喜悦之情。

图 2-10　诺颜乌拉巨冢—匈奴单于墓出土含有奶渣的实物

社会习俗和礼仪中的重要地位（图 2-10）。

　　游牧民族可以用牛、羊、马奶酿酒。《北虏风俗》中写道：
"马乳初取者太甘不能食。越二三日，则太酸不可食，惟取之造
酒。其酒与烧酒无异。始以乳烧之，次以酒烧之，如此至三四次，
则酒味最厚。"[①] 这里描述了马奶酒、牛奶酒的制作工艺。20 世纪
70 年代，考古工作者在河北青龙满族自治县发现了被认为是金世
宗时期的铜制蒸馏烧锅，这为古代已有蒸馏奶酒提供了考古佐证。
蒸馏型奶酒是中国北方民族特有的酒文化，是中华酒文化中的一
颗璀璨明珠。

三、明清时期的奶制品及制作

　　明代以来，随着历史的积淀，奶食在中国已经被普遍接受，
但由于产量的限制，用其制作肴馔的品种和前代相比有所减少。
从现有的文献资料来看，明代在菜肴制作中较少使用奶及奶制
品，但仍有一些品种。如《宋氏养生部》记载："肥瀹粉荸荠粉
烫索者绿豆软粉索粉"，其制法为："胡桃、松子仁、鲜竹笋，

① 肖大亨：《北虏风俗》，阿
沙拉图译，内蒙古人民出版社
1979 年版，第 79 页。

图 2-11 《宋氏养生部》

图 2-12 《饮馔服食笺》

①〔明〕宋诩：《宋氏养生部（饮食部分）》，陶文台注释，中国商业出版社 1989年版，第 198 页。

②〔明〕高濂：《饮馔服食笺》，巴蜀书社 1985 年版，第 87 页。

用猪肉细切，兼乳饼，熟山药和匀为小丸，用鸡子黄调绿豆粉为小丸，通加肥汁烹，以胡椒、花椒、缩砂仁、葱白、酱调和如冻，先置粉上，絮羹瀹之。"① 在馔品制作中，使用奶制品的情况相对较多。在明代宫廷馔品中，就有奶皮烧饼、糖钹儿酥茶食、白钹儿酥茶食、酥子茶食，等等。《宋氏养生部》（图 2-11）有"酥果膏"，《饮馔服食笺》（图 2-12）中也记有多种使用奶及奶制品制作的馔品，如松子饼方、酥饼方、到口酥方等②。

清代是各民族饮食再次达到高度融合的时期，此时人们对于奶食早已不再陌生。在清朝宫廷中，奶油大奶卷、奶饽饽、杏仁奶豆腐、奶乌突、奶茶等都是皇帝及其亲属日常享用的食物。而在民间，人们一般都重视奶食的养生作用。在民间看馔制作中也有用奶及奶制品的，只是这种情况较少，如在反映晚清川菜的款式全貌和烹饪水平的《筵款丰馐依样调鼎新录》一书中，就有一款"奶汤鱼肚"，制作方法为鱼肚"加牛奶、豆浆、白糖，白汤上"。

由于清代皇室对奶制品营养价值的认可，对塞外八旗下达了贡品任务。每年的 10 月份左右，各旗将制备好的奶制品通过骆驼驮运，集中到察哈尔地区的宝日音庙，再统一运到北京，上贡到皇宫。

清康熙三十年（1691）"多伦淖尔会盟"后，清政府在多伦淖尔地区修建了一座寺庙。清康熙五十年（1711）将这个寺改命名为"楚古兰原寺（汇宗寺）"。雍正九年（1731），清朝政府出资 10 万两黄金，在楚古兰原寺以西二里处又修建了一座寺庙，称为"赛音伊如格勒图"（善因寺）。民间将这两座寺庙称为多伦淖尔的"青寺"和"黄寺"。汇宗寺与善因寺的兴盛，带动了整个锡林郭勒地区藏传佛教的发展，一时间草原上寺庙林立。据第三次全国文物普查数据统计，锡林郭勒地区的清代庙宇及寺庙遗址多达三百处。宗教的兴起，促进了人员的交往交流交融。

多伦淖尔汇宗寺与善因寺是清代漠南地区的藏传佛教中心。章吉雅呼都格图、阿吉雅呼都格图、甘珠日瓦葛根等呼都格图活佛来到多伦淖尔的两个寺庙，建立拉卜仁寺，设立寺庙财产管理处。同时根据各旗王公、富人进献的牲畜和住户，各自形成了以沙毕纳尔 [①] 为群体的圈子。多伦淖尔作为清代蒙古地区喇嘛教兴盛中心，拥有庙仓的呼图克图均 [②] 拥有不同数量的沙毕纳尔。这些沙毕纳尔一般居住在寺院所属牧场或周边，从事畜牧业生产。也有一部分沙毕纳尔平日里住在寺庙负责寺院的饮食、起居、柴火等生活日常杂务。这些沙毕纳尔中有蒙古族、藏族和汉族。这些不同民族、地区的群众带来了他们的饮食习惯，并在长期劳作中与当地的风俗习惯融为一体。

正蓝旗有一种名为"图德"的奶制品，"图德"是藏语，意为杂拌食物，原本不是奶制品，是一种用面、葡萄干、红糖等拌制的食物。青海藏族制作图德的方法随沙毕纳尔来到寺庙。虽然

①沙毕纳尔，意为喇嘛所带的弟子和家属。

②呼图克图，是清朝授予蒙、藏地区喇嘛教上层大活佛的封号。

属呼图克图活佛们的膳食，但没有庶民不可食用的禁忌。于是图德制作方法从沙毕纳尔那里流入民间，与当地奶制品工艺相结合，人们用黄油渣子、楚拉①等奶制品代替了面粉，创造了如今人们所熟悉的香甜四溢的奶制品图德。

① 楚拉，内蒙古传统源发地奶酪。

　　清朝是元朝之后中国奶制品消费的又一个高峰，察哈尔属地之一的正蓝旗作为当时清皇室奶制品供应地，为奶制品发展和工艺的创新提供了重要机遇。

四、正蓝旗奶制品制作历史沿革

　　以正蓝旗为核心的察哈尔八旗所在区域，由于地理位置、自然环境优势，早在元朝时期就成为皇室的奶制品供应基地，直至清代，依然承担着向皇宫贡奉奶制品的责任。正因为如此，清政府在这里专设养牛群的基地，一直支持正蓝旗及其周边地区进行奶制品加工技艺的不断更新与改良，为皇宫提供精品奶食。正蓝旗境内有座乌和尔沁敖包②（牛群敖包），元朝称其为万寿山，当时这座山的周围植被繁茂，牧草种类繁多，能用作中药药材的植物就有400多种。后来改名为白音朝克图敖包，一直沿用到清朝中期，又改名为现在的乌和尔沁敖包。当时为了给皇家宫廷提供上好的奶制品，当地人们就将牛群集中到乌和尔沁敖包，羊群集中到现在的宝绍岱苏木恩格尔嘎查道音海日汗敖包，营养丰富的牧草为牛羊群提供了良好的食材，产出的奶质量上乘，这两个地区的牛羊群都归皇家宫廷所有。看护管理牛羊群的最高行政长官称为"安班"。

② 敖包，是蒙古语，意为石、木、土堆。

　　康熙十四年（1675）以后，正蓝旗及其周边被划分为镶黄牛群、正黄牛群、正白牛群等三个群旗。据乾隆皇帝当政时宣化县知县黄可润主持修订的《口北三厅志》里所描述，当时的正蓝旗及周边地区三个牛群旗每年向皇宫内室进贡大模奶豆腐1000斤，小模奶豆腐 150 斤，黄油 10900 斤，奶子酒 4928.7 斤。传说在正黄牛群旗宝日音庙祭祀仪式上，将摆放 30 年之久的奶豆腐调换时，奶豆腐乳白色居然毫无变化并且没有变质，品尝起来就像两天前制作的一样，依旧绵软可口。由此可以看出当时正蓝旗奶制品制作技艺已达到了相当高的水准。

根登是内蒙古正蓝旗地方的一位学者型牧民，通过带头成立牧业合作社，推动了集体经济的发展。他作为牧民，对奶制品有着特殊的感情。他在《故土人文追溯》中回忆道："奶豆腐是清代时期上交御膳房的上品。镶黄、正黄、正白三旗牛羊群及达里冈爱牛羊群（后称明安牧场）向内务府御膳房提供红白食时便开始掌握白奶豆腐制作方法。每年牛群旗以牧户为单位制作，按照定额，上交清廷内务府完成役差。"

清康熙末年，镶黄牛群旗曾有一座庙宇是专门制作、摊晒奶豆腐的场所，此庙叫"宝日音庙"，该庙遗址在今河北省张北县宝日音庙乡。每年农历四月三日，三旗牛群会抽调一定数量的带犊优质乳牛，集中在宝日音庙挤奶，称这些优质乳牛为奶豆腐乳牛。其间，内务府派来管事和受过专训的技术员在寺院内搭建的专门作坊里制作奶豆腐，并腾出宝日音庙大殿，放置桌子，摊开奶豆腐晒干后收拢。奶豆腐模具大小不一，是用银子、红铜、黄铜和木料制作而成的带有各种花纹图案的圆形或方形模具。清朝时期白色奶豆腐属于御膳，庶民敬而不食。另外，制作白色奶豆腐需要冰糖、砂糖、蜂蜜等辅料，工序复杂，平民一般没有能力去制作、食用它。但是，奶豆腐制作方法却很早就由民间勤劳朴实的牧民妇女在延续传承。

近代以来，国外乳业技术人员也开始参与到正蓝旗奶制品加工技术的提升过程中。1911 年，一名俄罗斯商人发现正蓝旗的奶制品质量非常好，就找到羊群安班卓德布扎布，说出想在正蓝

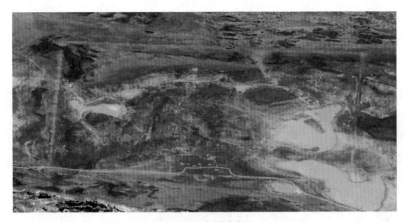

图 2-13　公司城遗址

旗建立奶制品公司的意愿。安班卓德布扎布为此给他提供了一片水草丰美之地，这个俄罗斯商人就在这里建了一个奶制品制作公司，这个地方也以公司为名，即今天的正蓝旗桑根达来公司嘎查。（图 2-13）俄罗斯商人受到当地牧民在井里吊装奶制品作为夏季冷藏食品的方式的启发，在公司嘎查南面乌日图淖建了一个地下冷库。他通过这种冷藏手段将制作的奶制品源源不断运往欧洲并持续了 13 年。抗日战争前期，日本人来到此地，又将该公司运营了 3 年。除了外国人主动到正蓝旗投资设厂加工制造奶制品，本地人也积极引进国外的先进技术，改进乳品加工技术。《太仆寺左群志》记载：1928 年，太仆寺左群安班萨木丹拉如布为了提高黄油的制作工艺，请来瑞士人斯特鹏来到五旗敖包，建了一个制作黄油的厂子。

　　1949 年后，正蓝旗及周边地区的奶制品依然是上品。1970 年，当地牧民、党员莲花老人（图 2-14）参加全国劳模大会，受到了毛主席和周总理的接见。她将自己亲手做的奶皮子献给两位伟人，让这片草原上的奶制品又一次作为中华饮食文化中的瑰宝，受到人们关注。

正蓝旗继续传承千百年来的奶制品加工制作技艺，并与其他民族饮食加工技艺交融发展，创造出工艺精良的奶制品制作技艺。正蓝旗奶制品主要成分是乳、油、糖等，并含有多种维生素，具有促进人体新陈代谢、增加热量、健脾开胃、延年益寿之功效。制作的奶制品口味新鲜，颜色洁白，形态美观，图案生

图 2-14　莲花老人（《正镶白旗志》）

动，品种多样，既可食用，也有较高的欣赏价值，形成了内涵深厚的奶制品文化，堪称中华饮食文化中的珍品。从而使以正蓝旗为核心的奶制品闻名于世，是当之无愧的"中国察干伊德文化之乡"。

正蓝旗各族人民历经 300 年的时光，用自己的智慧和勤劳的双手谱写了正蓝旗奶食文化灿烂的历史，成为中华饮食文化中熠熠生辉的瑰宝。

第三章
正蓝旗奶制品的种类及制作工艺

正蓝旗传统奶制品制作技艺入选我国非物质文化遗产名录，是中华优秀传统文化中的瑰宝，也是中华传统工艺振兴的重要内容。近年来，随着国家对传统手工技艺重视程度的不断提升，各民族传统饮食制作技艺类非物质文化遗产亦得以较快发展。正蓝旗奶制品制作技艺有着悠久历史，在其演进过程中呈现出较强的区域性和民族性，融合了诸多民族的饮食文化元素及特质，不仅是中国饮食文化的重要组成部分，更是各民族饮食及其加工技艺交往交流交融的生动见证。

当前，正蓝旗奶制品加工技艺传承人所保留和掌握的一些传统奶制品制作技艺是对各民族奶制品制作技艺的传承和延续，不仅表现出中华民族奶制品制作技艺在不同历史时期的多层面的积淀，而且直观地反映了正蓝旗奶制品制作技艺的历史演进脉络。对古今正蓝旗奶制品制作技艺的探讨，不仅可以探明中华民族奶制品制作技艺在现今的延续与变化，而且梳理了奶制品制作技艺反映出的传统烹饪知识与经验法则。

目前，在市场经济、食品工业、城镇化等因素的影响下，部分正蓝旗奶制品制作技艺固有的生存土壤和社会环境发生了显著变化，使得这些传统饮食制作技艺的存留和延续正在面临重要的机遇与挑战。因此，对正蓝旗奶制品制作技艺类非物质文化遗产的保护已是迫在眉睫，换言之，以史籍文献为基础，采用实地调查与访谈等方法，对现存正蓝旗奶制品制作技艺进行全面恢复和有效抢救是十分重要的。此类研究，一定程度上也为人们认识蕴藏在田野中的传统奶制品制作技艺中丰富的烹饪知识和传统文化内涵，提供了较为难得的第一手资料。

正蓝旗奶制品种类多样。由于加工方法的不同及地区特点，奶制品的名称也有所不同。本项研究主要采用正蓝旗奶制品的称谓，对于其他地域特色鲜明的奶制品，也有相应的介绍。

第一节　传统奶制品生产场所——蒙古包

古代游牧民族逐水草而居，一直生活在以蒙古高原为中心的地域，这里的自然条件十分艰苦。在风霜雪雨中奋斗拼搏的游牧民族，为适应这样的恶劣环境发明了蒙古包，它为人们的生存和发展提供了必要保障。一个个洁白的蒙古包，也成为奶制品最初的生产场所。（图 3-1）

图 3-1　蒙古包里的奶制品

图 3-2 有 100 多年历史的蒙古包

　　蒙古包（图 3-2）是由坠绳、乌尼、巴根、毛毡、哈那、门、火炉等部件组成，并与人、畜、自然等所关联的因素形成一个整体的生活生产生态环境，属于"三生"同态。蒙古包的哈那、乌尼、巴根、门以外的材料大部分用牲畜的皮草、毛毡、绒毛等制作。男性负责哈那、乌尼、巴根、门的制作，毛毡、皮草、针织物等内部装饰物料的制作者多为女性。蒙古包的内部生活区有非常明确的规范，男主人的方位一般在蒙古包西边，男主人使用的物品，如弓弩、箭袋、书籍等放置在蒙古包内的西侧。女主人的方位一般是蒙古包的东侧，女主人所拥有的饰品、针织带、炊具等放置在蒙古包内东侧。一般由妇女负责制作奶制品，故制作奶制品的工具也都放在蒙古包的东侧。

　　蒙古包的主要建筑材料为木头和毛毡，主体支撑部分采用木头材质，主体密封材料采用毛毡、皮草完成。毛毡的最大特点是不透风、不透光，并且对室内外的空气起交换作用。蒙古包的顶窗（套脑）是蒙古包进行空气交换的主要途径，蒙古包的门虽然也有一定作用，但不及顶窗的作用大。因此，我们从蒙古包的材质、构造上可判断出蒙古包内是非常干燥且舒适的。

　　由于蒙古包顶窗的设计对空气过滤起了很好的作用，因此在蒙古包里制作各类奶制品，既干净卫生又美味。（图3-3、图3-4）用草药清洁奶制品的制作器皿，也会对奶制品的质量和口感起到一定的提升作用。

图3-3　蒙古包里制作奶制品

图3-4　蒙古包里制作奶制品

蒙古包作为游牧民族的传统居所，其功能正是在正确认识自然、不断适应自然的过程中得到发展和完善的。在蒙古高原上，由于北方极地冷气不断向南或东南流动，从而形成北风或西北风，而且风力强劲。特别是冬季，四野冰封，酷寒漫长，又常伴随暴风雪。[1] 正如道森在《出使蒙古记》中记载的一样，"那里也常有寒冷刺骨的飓风，这种飓风是如此猛烈，因此，有的时候人们需付出巨大努力，才能骑在马背上。当我们在斡耳朵前面的时候，由于风的力量太大，我们只得趴在地上，而且由于漫天飞沙，我们简直不能看见什么东西"[2]。蒙古包外观近似圆形，无棱无角，呈流线型。无论大风从哪个方向吹来，蒙古包与风向垂直的面积都很小，相应地对风的阻力也很小。同时，蒙古包的受力部分都有一定的弹性，当某一点受力时，能将其均匀地传导至其他部位，缓解大风对蒙古包的冲击。

蒙古高原的年降雨量通常在 200～400 毫米之间，由东南向西北逐渐减少。降水集中于夏季，6～9 月降水占到全年的 80%～90%。因此，防雨防漏也是高原居所必须考虑的因素。由于蒙古包包顶是圆的，存不住水，下雨落雪的时候，把蒙古包的顶毡盖上，它就形成了一个球状封闭体，能够经得住草原上的雨雪；蒙古包的顶毡分前后两片，两片顶毡的衔接处不是对齐的，而是交错开来，有一定重合的部分，以防止雨水、粉尘灌进去；另外，在雨季搭建蒙古包时，牧民们通常会利用哈那（充当墙壁的木杆）可伸缩的特性，将蒙古包搭得小一些，高一些，增加乌尼（与哈那连接的长木杆）的倾斜度，更有利于防雨。

蒙古高原四季分明，冬季（11 月～次年 4 月）寒冷而漫长，全年最冷的 1 月份，平均气温在 -30℃～-15℃，最低气温甚至可以达到 -40℃，并伴有大风雪；春季（5～6 月）和秋季（9～10 月）短促，并常有突发性天气变化，如在秋季，刚刚还

① 蒙古民族通史编委会主编：《蒙古民族通史（第一卷）》，内蒙古大学出版社 1991 年版，第 8 页。

②［英］道森编，吕浦译，周良霄注：《出使蒙古记》，中国社会科学出版社 1983 年版，第 6-7 页。

是秋高气爽，霎时便狂风大作，飞沙走石，有时甚至会突降大雪；夏季（7～8月）昼夜温差大，光照充足，紫外线强烈，最高温度可达35℃。

为适应这样多变的天气，蒙古包的苫毡发挥了很大的作用，体现在保温和降暑两个方面。在保温方面，冬季蒙古包的苫毡通常有三层，顶部另有外罩可以增加保温性。在最冷的时候还可以在哈那内部挂上专用的毡幕；冬天还将两张毛毡纳在一起制作毡门，挂在木门外边；在门头、哈那脚等容易灌风的位置，还有毡门头、毡墙根等对应物件，可谓面面俱到。在降暑方面，夏季蒙古包的苫毡通常有一至二层，既可应对早晚较低的气温或突降的大雨，又可在中午气温较高的时候，掀起围毡的下部，达到通风降温的效果。另外，结合当地的物产，在盛夏季节也可用柳条和芦苇编织的草席替换蒙古包的围毡和顶毡，既能适应季节，又能延长苫毡的使用寿命。

奶制品的制作对温度的要求相当高，如奶油的自然发酵过程与环境温度有很大的关系，一般夏季环境温度高，需要的时间短，而冬季环境温度低，需要的时间长。一方面可以通过夏季把容器放在阴凉处、冬季把容器放在暖炕上的方式调节发酵时间，另一方面也可通过增减蒙古包苫毡的方法调节室内温度，从而控制鲜奶的发酵时间。

无论是鲜奶的保存还是加工，均需要清洁而流动的空气。在这一方面，蒙古包的苫毡和顶窗发挥着很大的作用。毛毡本身具有通气性，蒙古包的顶窗在白天都是敞开的，除非下雨、下雪，这是最主要的通风口，能够保持蒙古包内的空气始终处于清洁而流动的状态。

图 3-5　作为燃料的牛粪

蒙古包内使用的燃料为五畜的粪便，这是一种就地取材、满足日常做饭、取暖需要的便利燃料，同时在加工艾蒿方面具有重要作用。其中最常用的燃料是牛粪（图 3-5）。牧民通常是春、夏、秋三季在放牧过程中，顺便收集已经干燥的牛粪，除日常使用外，将剩余的垒起，达到一定规模后用湿牛粪将表面整体抹起来，防止雨淋，保持干燥，以备冬季使用。

图 3-6　蒙古包里制作奶制品的炉子

由于牛所食用的草料的不同，不同季节的牛粪具有不同的质地，冬季的牛粪较为松软，燃烧时火性温和，制作奶皮时（图 3-6），受热时间长，扬奶时会产生更

图 3-7 艾蒿

图 3-8 百里香

多的泡沫，会结成更厚的奶皮，同时也不会出现煳锅的现象。马粪的质地与冬季牛粪相仿，且燃烧的时间相对更长，所以在制作奶皮、奶豆腐，尤其是溶解奶油、提炼黄油时使用效果更佳。

牧民还会在蒙古包内点燃干燥的艾蒿（图 3-7）、百里香（图 3-8）等植物，用于杀菌、消毒、清洁空气。有时也会用百里香擦拭奶桶或其他盛放奶食的容器。另据民间说法，在奶桶上方的哈那（蒙古包的木架）挂上百里香，不仅会缩短结奶油的时间，同时，结的奶油较平常更厚。

与干牛粪相比，马粪虽然燃点低，但热度不够高，一般将其用作软化皮草、皮衣、皮具。羊的粪便在羊群的起卧踩踏中层层叠压，牧民待其自然风干干燥后堆积保存起来，名曰羊砖子，在冬季里与干牛粪掺杂使用，具有持久耐燃的特点。

蒙古地区的牛吃的草多为高长草和多籽草，此类草多为药草，并且牛在进行反复咀嚼时属于再次加工，因此干牛粪的药物成分比较高，所以牛粪燃烧产生的烟雾具有一定的杀菌、清洁空气的作用。目前，牛粪制作的熏香已经上市，同时也入选内蒙古自治区锡林浩特市非物质文化遗产名录。在没有专用设备的情况下，畜粪烟雾的杀菌、清洁功能在制作奶食，尤其是在发酵过程中显得尤为重要。

第二节　正蓝旗奶制品的种类和制作

奶制品是游牧民族多年智慧的结晶，是几千年来钻研实践的成果。随着各民族交往、交流、交融和技术不断地更新，奶制品传承至今已发展成 80 多种，（图 3-9）形成了内涵深厚的奶制品文化，正蓝旗的奶制品是奶制品中的最佳代表，从而使以正蓝旗为核心产区的奶制品闻名于世。

图 3-9　察干伊德种类分类图

正蓝旗奶制品种类和制作方式非常多样。经过千百年的经验积累，人们逐步发现，奶制品除了可以作为日常食物，还有养生保健功能，甚至一些奶制品还有药用价值，对治疗某些疾病具有一定作用。下面将分类介绍奶制品的种类和制作方法。

加工奶制品的奶源种类有：牛奶、羊奶、驼奶、马奶。

牛奶：牛奶含油脂多，浓稠，颜色略微发红，产量大。牛奶是蒙古族同胞日常生活中必不可少的食物。牛的产奶期较长，一年平均有 10 个月之久，并且牛的产奶量也是五畜之首，因此，牛奶是中华民族制作各类奶制品最为常见且重要的原材料。蒙古族同胞每天挤奶分两次，早上太阳还未升起时第一次挤奶，晚上太阳落山前第二次挤奶（图 3-10）。

奶牛中的主要碳水化合物是葡萄糖。食物进入奶牛瘤胃后，大部分碳水化合物会发酵变为挥发性脂肪酸（VFA），其中丙酸

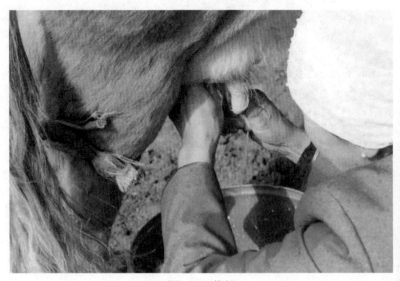

图 3-10　挤奶

在肝内进一步转化为葡萄糖。尽管反刍动物血液中葡萄糖的含量只有单胃动物的一半左右，但葡萄糖的供应可能是反刍动物控制最大分泌量的因素之一。奶的主要糖类是双糖——乳糖，它是由1分子的葡萄糖和1分子的半乳糖所合成的。乳脂肪的特点是甘油三酯的混合物，大约有50%是短链脂肪酸，其余50%左右的乳脂肪是由长链脂肪酸组成的。乳脂肪的另一特点是含饱和脂肪酸的比例高。乳腺分泌细胞不能合成维生素和矿物质。因此，奶中所有维生素、矿物质都是血液提供的。

母牛在泌乳期间，奶的分泌是持续不断的。奶刚挤完时，奶的分泌速度达到最大，到下次挤乳前降到最低速度。挤乳后最初9～11个小时，奶的分泌速度是高而稳定的，以后分泌速度开始迅速降低，如果不给母牛挤乳，则挤乳后35小时奶即停止分泌。这就是为什么母牛特别是高产母牛必须每隔12小时挤乳一次的缘故。有时对母牛即使进行了正确刺激，也可能停止泌乳，这就是通常所说的停奶。排乳的停顿是不知不觉发生的，可能是由于受惊而分泌出肾上腺素的缘故。

牛奶被誉为白色血液，富含丰富的钙、磷、铁、锌等微量元素，是人体钙的最佳来源，有利于骨骼和牙齿的生长，能强身健体。牛奶还可以缓解疲劳，使人保持精力充沛，同时有良好的镇静催眠的作用。牛奶中的微量元素亦能够防止高血压及脑血管疾病的发生，从而延缓衰老，还能抑制癌症，有抑制肿瘤的作用。

鲜牛奶应该放置在阴凉的地方，不要让牛奶暴晒于阳光下，阳光直射会破坏牛奶中的维生素，同时也会使其丧失原有的味道。过冷对于牛奶也有不良影响。当牛奶冷冻成冰时，其品质会严重受损。牛奶自身的各种氨基酸、乳糖等结构易变化。

图 3-11 羊奶

羊奶：羊奶（图 3-11）以其营养丰富、易于吸收等优点被视为乳品中的精品，被称为奶中之王，是世界上公认的最接近人奶的乳品。羊奶的脂肪颗粒体积为牛奶的三分之一，便于人体吸收，并且长期饮用羊奶不会发胖。

羊奶分为山羊奶（图 3-12）和绵羊奶。羊奶中的蛋白质、脂肪、矿物质含量均高于人奶和牛奶。羊奶中的化学成分如羊油酸、羊脂酸和奎酸等，是造成羊奶膻味的主要原因。羊奶中的脂肪球直径较小，吸收率高达 95%。绵羊奶中的原生 OPO 结构脂（结构化脂肪），更接近母乳中的 OPO 小分子结构，相较于山羊奶，绵羊奶口感更接近母乳，更有助于维持婴儿的正常发育。

图 3-12 山羊奶

驼奶：驼奶（图 3-13）为驼科动物双峰驼的乳汁。富含维生素 C，还含有大量人体所需的不饱和脂肪酸、铁和维生素 B。性温，味甘。具有补中益气、壮筋骨的疗效，可加热煮沸后饮用。

图 3-13 驼奶

马奶：待母马生产后

挤出的马奶（图3-14）。
挤马奶每天三至四次，因
为马奶产量少，分泌时间
短。必要时可以直接饮用
马奶，其性味甘凉，含有
蛋白质、脂肪、糖类、磷、
钙、钾、钠、维生素A、
维生素B_1、维生素B_2、维
生素C、肌醇等多种成分。
具有补虚强身、润燥美肤、
清热止咳的作用。

图3-14 马奶

图3-15 奶豆腐条

奶制品的种类如下：

奶豆腐：蒙古语称
"浩乳德"，是蒙古族牧
民家中常见的奶制品，也是最为大众所熟知的中华传统奶食，
古代诸多民族都有食用奶豆腐的习惯，是待客、日常食用的佳
品。奶豆腐是牛奶或羊奶等经发酵、凝固而成的食物，成型时
使用模具使其形状类似普通豆腐，颜色乳黄，味道微酸或较酸
（与发酵程度有关）。有的在加工过程中加入糖，使得奶豆腐酸
甜可口，乳香味浓郁。大多数人的吃法是将奶豆腐泡在奶茶中，
软而劲道，奶香四溢。奶豆腐中蛋白质含量约为66%，且铁、
锌、钙、磷含量较丰富，在胃肠道中吸收率也很高。由此可见，
奶豆腐是人们补充钙、磷、铁、锌的良好天然食物[1]。奶豆腐干
制后还可以当作零食（图3-15），食用方便。外出时携带也可
当干粮，既能解渴又能充饥。

制作奶豆腐的原乳料一定要选取新鲜的全脂乳或脱脂乳，蛋
白质含量越高越好。首先要确保原料乳的品质，挤出2小时之内

[1] 素梅、嘎尔迪等：《内蒙古
锡林郭勒盟地区传统奶制品营
养价值的分析与评价》，《内
蒙古农牧学院学报》，1997年
第4期。

图 3-16 纱布过滤鲜奶

图 3-17 牛奶凝固程度展示

就应该过滤，确保是新鲜奶。过滤主要是为了去除鲜奶中的杂质，保证奶的纯净，可采用纱布、过滤器进行过滤。在手工作坊，一般用纱布过滤鲜奶（图3-16），纱布可 2 ~ 3 层，保证过滤的效果。规模稍大的厂子采用的是过滤器，以保证生产效率。

将过滤好的鲜奶放入桶、缸或其他容器中进行发酵，夏天温度在 20℃ ~ 28℃，24 ~ 26 小时即可发酵成功，冬天温度低时需 48 小时或以上。牧民根据牛奶状态、凝固程度（图3-17）、酸度等，判断发酵是否成功。

发酵好的奶表面形成厚实的脂肪层叫嚼克，嚼克层下面是凝固成型的酸奶。发酵的过程中，不要搬动发酵容器，因为大颗粒脂肪会逐渐地上浮，形成厚实的脂肪层。

生酸奶中酸水含量比较高，占 75% ~ 85%，口感比较酸，人们不愿直接饮用，大多数时候人们因饮食不规律或者吃了不良食品导致胃酸、胃胀时，喝一碗生酸奶，其助消化效果比较良好。

用勺或其他工具将上浮嚼克撇出来。因为嚼克和下面的凝固

图 3-18　撇取嚼克

层不好区分，在撇取时，幅度尽量要小，不要带走下部的凝固层。撇取嚼克（图 3-18）的多少没有特殊的规定，可根据自己的需求进行，可多可少。

　　将酸奶倒入干净的铁锅内，加热温度大约为 70℃～80℃（图 3-19），文火慢慢熬煮，酸水会自然分解出来。

①

②

图 3-19　热锅

①　　　　　　　　　　②

图 3-20　分离乳清

图 3-21　搅拌中的酸奶

必须用文火慢慢熬煮，否则酸水不易全部分离出来。分离出来的酸水叫乳清（夏日乌素）（图 3-20）。

乳清中带有少许酸奶，因此，将其装入纱布袋再次挤压出乳清。必须保持文火状态乳清才会逐渐全部分解出来，火过小，乳清会分解速度过慢或者分解得不够全面。将乳清全部分解出来后锅内仅剩酸奶了，将火加大，大火将生酸奶煮沸。这时用大勺搅拌锅内的酸奶（图 3-21），搅拌得越均匀，奶豆腐的成色越好。此时为热奶豆腐。这种奶豆腐的密度高，成色好。在制作奶豆腐时，对火候、乳清和酸奶的分解、搅拌方式等各项技术均要求很高。火小了之后奶豆腐不易成型，火大了之后就会烧焦。乳清挤出得少，奶豆腐成型不了；乳清挤出得太多，也会影响奶豆腐的成色。搅拌虽然只是三五分钟，但搅拌的力度、时机掌握不好的话，奶豆腐成色就会不好。将热奶豆腐装入木质模具中置于阴凉处放凉。此时依然会有些许黄汤会从木质模具边缝流出。待静置 4 小时以后，奶豆腐完全成型。这时将木质模具倒扣，把奶豆腐全部取出即可（图3-22）。

　　不同的奶豆腐，色泽、密度、味道等都会有差别。奶豆腐密度越高越香，即使切得再薄也不会随意散开，且色泽鲜亮，不易

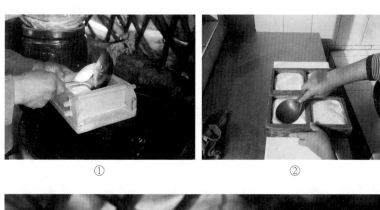

①　　　　　　　　　　②

③

④　　　　　　　　⑤

图3-22　奶豆腐成型过程

变干，放入奶茶中不会很快泡开，咀嚼时会粘牙。此种细致的奶豆腐长期储存也不易变质。

　　并不是所有的牛奶经过加工，都能做成细致的奶豆腐，与气候，环境，牛奶的纯度、质量有重要的关联，此外还和制作奶豆腐的师傅的技艺、卫生条件、模具、温度、湿度、乳清的分解等各项要素密切相关。

　　将奶豆腐切成条状的叫奶豆腐条，放入少许糖口感更佳。奶豆腐中富含丰富维生素，脂肪及钙、磷、铁、锌等微量元素。

　　将胶状体装入不同的模具整形，形成各种形状的奶豆腐。整形过程中，尽量使奶块平整。在阴凉处晾干，奶豆腐便制作完成。

　　鲜奶豆腐是一种油性、味美、营养丰富的食品。奶豆腐晒干后呈带有微黄的白色，微酸，加糖后酸甜可口。用不同模具挤压的奶豆腐表面有不同的花纹（图 3-23、图 3-24），好看又好吃，牧民常作为礼品送给客人。

　　楚拉：鲜奶经发酵后，撇去上浮的脂肪（嚼克），将剩余的乳凝块放入大锅中，稍作加热，温度在 40℃ -60℃，析出乳清后，用勺把锅中的凝乳块和乳清一起盛入布袋中，挤压排

图 3-23　奶豆腐

图 3-24　奶豆腐

图 3-25　楚拉

出多余的乳清。将凝固的奶经手搓成小奶块后晾干，即成楚
拉（图 3-25）。楚拉口感微甜，结构细腻，颜色稍白，营养成
分高，做法简单，储藏携带方便。

　　楚拉加工方法简单，营养成分丰富，保存时间长，现在依然
是牧民们最喜欢的奶制品之一。羊奶制作楚拉最佳，做法跟牛奶
一样。牛奶制作的楚拉呈黄色、味美，但晾干后口感较硬，不易
咀嚼。楚拉具有易晾干、储存方便、不易变质、放入奶茶中食用
味道鲜美等特点。

　　奶油：蒙古语称"嚼克"，主要成分为牛奶中的脂肪。传统
的奶油制作工艺简单，但是非常依赖自然条件。嚼克是牛奶自然
发酵后，凝结在牛奶上层的乳白色稠状油质品。

　　一般夏季温度高，制作奶油需要的时间短，而冬季温度低，
需要的时间长。牧民夏季把容器放在阴凉处，而冬季把容器放在
暖炕上，蒙古族称之为"放置奶子"或"摆放奶子"。放奶时要

图 3-26　奶油制作示意图

求环境整洁，不扬尘。因为放奶时，不能盖桶盖。如果加上盖，就会使盛有牛奶的容器温度升高，在奶油未充分排出时发生酸凝，所以放奶环境温度的调节也很重要。过热时，放置的乳汁发酵速度过快，奶油不能充分向上飘浮。如果放奶环境过凉，会使奶处于发酵状态，不能凝固，也影响了奶油的排出。（图 3-26）

　　蒙古族同胞还有这样的习俗传承：制作奶油时，盛奶的容器不得随意移动，孩子们不能大声叫喊或哭泣，这样奶才不会受惊，才容易凝固。牧民在长期的生产实践中发现，奶油生成的厚薄度取决于挤奶人的技术，同时，也与卫生条件有直接关系。所以牧民挤奶时经常用草云香自然香料熏制奶桶保持干净，更是忌讳往奶罐里放其他食物。奶油充分排出后要及时用勺子舀出来。一旦舀出奶油的时间被推迟，则会影响酸奶汁对奶油的渗透。在未充分生成酸奶之前，舀出的奶油薄而稀。检验奶油是否充分生成的方法是将筷子尖端沿着奶桶边缘蘸一下后观察，若乳汁边缘渗出黄汁，成了果冻形状的酸奶，则表示牛奶已经凝固了，奶油不会再生成了。这时将奶油用大勺或小勺轻轻地撇取出来，叫作"舀奶油"（图3-27）。将舀起的奶油装入专门制作的奶油布袋中，将奶油袋子吊起来，积攒到一定量后用于制作黄油。厚厚的奶油基本上是牛奶的纯油部分（图3-28）。蒙古族同胞吃奶油时，几乎都用在其他食物里调味。奶油常与炒米拌着吃（图3-29），炒米酥脆，用浓奶油搅拌食用，味道鲜美。用稀奶油兑奶茶，茶色浓黄，味道独特。粘在奶油下面的部分叫新格，加入红糖与干粮搅拌起来，味道甚佳。

图3-27　舀奶油

图3-28　舀出的奶油

图3-29　奶油拌炒米

一般从产奶油比例来说，羊奶比牛奶更多。一斤牛奶出 0.06 斤奶油，一斤羊奶约出 0.1 斤羊奶油。相比春夏时节，秋季奶油产量更高，质量也好，因为秋季牲畜膘肥体壮。奶油产量和质量是与气候、草场好坏还有牧民挤奶经验技术等有着直接关系。奶油是营养丰富的食物，合理地食用奶油，可以增强体质，尤其有益于心肺健康。新鲜奶油属于蒙古族宴宾待客的上品。

奶油的脂肪含量比牛奶高 20 ～ 25 倍，而其余的成分如非脂乳固体（蛋白质、乳糖）及水分都大大降低，奶油在人体的消化吸收率较高，可达 95% 以上，是维生素 A 和维生素 D 含量很高的一种奶制品[①]。平时维生素较为缺乏的人群，适当吃些奶油可以补充维生素群，有利于机体的正常活动。奶油里含有的脂肪成分比平时常喝的牛奶要高很多，可以为机体提供能量。所以，食用奶油可以补充能量，让身体更加有活力。儿童吃一些奶油，还可以促进钙的吸收，有利于骨骼成长。不过，不可以吃太多，因为里面含有一些饱和脂肪酸，吃太多，可能会危害到血管的健康。

黄油：蒙古语称"希日陶苏"。黄油（图 3-30）是奶制品中油性最高、营养价值极高的食品。其味道独特醇香，含有丰富的营养物质，有助于滋养身体、增加热量、抵抗寒冷，并可补充元气，是牧民招待宾客的佳品，在传统奶制品行业中占据着重要的地位。

① 素梅、嘎尔迪等：《内蒙古锡林郭勒盟地区传统奶制品营养价值的分析与评价》，《内蒙古农牧学院学报》，1997 年第 4 期。

图 3-30 黄油

牧民制取黄油的办法是从白油中提取，在锅内熬煮，温度80℃~100℃，即可得到纯的黄油。蒙古族加工黄油的方法有两种，一是热炼，二是冷炼。

热炼，奶油倒入锅内，不能太满，太满加热后容易溢出锅外。牛粪火最合适，奶油加热稀释后，用小勺不断扬起泡沫，使锅底的稠密部分渐渐溶化，加热后黄油就会慢慢浮出表面。这时候要特别注意火候，一旦火力过大，锅里变稠的奶油就不会充分地排出，黄油会被烧掉，奶油泡也可能就在这个时候煮沸过度，溢出锅。炼油人要时刻翻动奶油防止粘锅底。将奶油用文火煮沸，不断翻动锅里的奶油，泡沫会逐渐变少，开始产生黄油和黄油渣。

冷炼，将布袋子里多日积攒的奶油的酸水滴净浓缩后，放入大容器中，用棍棒向一个方向搅动（图3-31），搅动1500~2000次，奶油会变成凝聚的状态，这叫作凝聚奶油。在搅动过程中加入一些冷水会加快奶油的凝聚速度。奶油凝聚后形成小球状白油，用双手团成团，沥出水分，这叫白油（图3-32）。将白油

图3-31 搅拌奶油

图3-32 白油

① 锅里的白油

② 慢慢加热锅里的白油

③ 倒搅白油

④ 搅拌白油

⑤ 出黄油

⑥ 取黄油

⑦ 出锅的黄油

⑧ 正宗的黄油

图 3-33　黄油的冷炼出油过程

倒入锅中，用文火煮沸，过一会儿黄油和奶油渣就会分离出来。取出黄油放入专用容器中保存（图 3-33）。

　　夏季牲畜食天然绿草，乳品营养全面，制作出的黄油呈明黄色，甚至是金黄色；冬季牲畜食干草，由于乳品维生素含量下降，制作出来的黄油呈黄白色。黄油整体具有光泽、无斑点，具有独特的纯香味，组织光滑、细致均匀，有一定的黏稠度、硬度，并具有可塑性。

黄油产量少，五六十斤奶油才可提取 15 ~ 20 斤的黄油，足见其珍贵。为食用方便，牧民常把黄油装在器皿或牛羊胃囊内。黄油具有增添热力、延年益寿之功能。寒冬季节人畜受寒冻僵时，常用罐饮黄油茶、黄油酒之法来解救。时至八月，人们把黄油装进牛羊胃囊内将其保存起来，待食用时开启，由于不与空气接触，所以一尘不染，依然新鲜滋润、绵甜可口。牧民开发出多种黄油的食用方法，可以直接加入奶茶中，也可以用来做面食，如黄油卷子、黄油饼子、黄油面包等。

从古到今，蒙古族传统奶制品黄油象征着强大、神圣、和善、权利、幸福、纯洁、健康和良好的生活品质。每 100 克黄油，含蛋白质 0.5 克，脂肪 82.5 克，钙 15 毫克，磷 15 毫克，铁 0.2 毫克，维生素 A 2700 毫克，维生素 B 22.01 毫克，尼古丁酸 0.1 毫克。

酸油：也称黄油渣子，白色，味酸，具有极强的助消化作用。蒙古语称"其楚盖"（图 3-34），它实际为生产黄油的副产

图 3-34　其楚盖

图 3-35　图德

品，因具有一定的营养价值和可食性，所以食用也比较广泛。

　　由于使用传统方法提取黄油时，会有很大一部分油脂留在渣子里，使其楚盖里的油脂含量变高。其楚盖除了可以加糖后直接食用，也可加入奶茶中，增加奶茶的风味，也可将其楚盖抹在面包、馒头、果条上，一起食用。

　　图德：图德（图 3-35）是一种在其楚盖中加入黄油、红糖、白糖、炒米或面粉混合成的食品，来源于藏传佛教祭祀品"糌粑"。制作图德时首先将面粉撒到布上蒸熟，再和溶化的其楚盖融合，加入黄油、红糖、白糖或捣碎的冰糖，搅拌均匀，装入刻有各种图案的模具，晾干。图德的另一种制作方法是将奶豆腐碾碎，加入炒米、酸油、黄油和自己喜欢的各种食材，搅拌后装入模具。制作图德的模具有桃形、叶形、圆形及蒙古文形等各种形状，但大小一般以酒盅口为标准。在过去，图德是正蓝旗的特产，是送往皇宫的主要奶制品之一。

图 3-36　熟奶毕希拉格

熟奶毕希拉格：顾名思义，是指由熟奶制成的奶制品，一般是指由制作奶皮剩余的奶制作而成的奶酪。熟奶毕希拉格（图 3-36）颜色呈深黄或浅棕色，奶香浓郁。

将制取奶皮后剩下的熟奶放置于合适的环境中进行自然发酵后，倒入锅中用文火慢慢熬煮，乳清逐渐析出，大块乳凝块形成，用勺子撇取乳清，直至乳清剩余量很少，勺子撇取不到。熬煮时温度不能太高，在 40℃～50℃最合适，温度过高或过低都不利于乳清的析出。用白棉布将乳凝块包裹，先用手挤压，排除乳清，然后将包裹乳凝块的白棉布放置木板上，其上放置一块平整的木板，再在木板上用石头或其他重物挤压，其间乳清充分被排出，且使乳凝块成型，直至成为一体，再切割成薄片或细条放置在阴凉通风处晾晒即可制成。熟奶毕希拉格具有口味独特、质地细腻、易携带、不易变质等特点。

生奶毕希拉格（希林浩乳德）：半酸的酸奶上面的奶油，叫淖鲁尔，提取淖鲁尔后的额德莫格放入锅中加热，继续搅拌，将乳清熬干，取出装入木质模具中置于阴凉处放凉，其会变得更丝

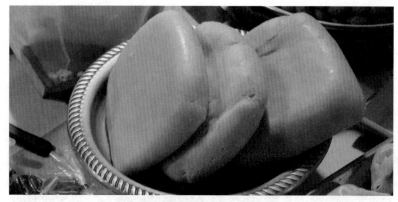

图 3-37　生奶毕希拉格

滑，就成了生奶毕希拉格（图 3-37）。毕希拉格咀嚼时会粘牙，口感更佳，颜色会稍微变黄，较熟奶毕希拉格油分含量高。如将其制作成薄片或小方块后晾干，食用方便且能长时间储存。生奶毕希拉格是一种方便、适合游牧生活、兼具美味与营养于一体的奶制品。

　　奶子酒：用牛、羊、山羊奶发酵酿造的酒称为奶子酒（图 3-38），蒙古语称"萨林·阿日和""陶高乃·阿日和""马林·阿日和"等。为增加奶子酒的酒精度，将头次蒸馏的奶酒回加到准备酿酒的艾日格中酿制，称为二次蒸馏酒。酿奶子酒首先是请酒酵母。蒙古族酒酵母是指一个家庭或同姓家族多年积存下

图 3-38　奶子酒

来的酿酒制酒的酸奶液或奶干糨。牧民们非常重视和尊重请"呼荣格"（发酵剂）。一般情况下在一个家庭中是由重要的家族成员请送呼荣格，外姓成员和外嫁姑娘都不能请送。请呼荣格要进行选日，一般选寅日上午辰时进行，这天请呼荣格者必须早晨六点起床，备上三四斤鲜奶和几条哈达，骑马跑到有呼荣格的人家里去，进门后要跪拜主人敬献哈达，然后递上装鲜奶的容器说："请你们的呼荣格。"被请呼荣格的主家接过奶容器后，放置一边什么也不说，坐着。这时，请呼荣格者站起来再次恳求，被请呼荣格的主家以不耐烦的样子转到呼荣格桶前，往酒酵母桶里倒一点请呼荣格的鲜奶后，将余下的鲜奶倒进其他容器里，再给请呼荣格者的容器里装进一斤左右的呼荣格，头都不回地还给请呼荣格者。后者接到呼荣格后快步走出门骑上马，也是头都不回地往自己家跑。这时主家跑出蒙古包大声喊："我们的富贵不会给你。"请呼荣格者回到家中后大声喊："我们请呼荣格回来了。"进门后在呼荣格加一些自己家的鲜牛奶和酸奶液，放置在干净的地方后按时按次搅拌。在两到三天之内发现容器里发出沙沙的声音时表明呼荣格已经"活"了，这时就可以每天定时定量加鲜牛奶和奶液进行搅拌，开始制呼荣格奶。养呼荣格的温度要保持在 20℃～24℃，每天定量添加鲜牛奶和奶液，搅拌 1000 次以上，养 14～21 天容器装满，放置 23 小时左右自行溢出容器代表养成功了。有时因为没有严格保持温度或未按时添加鲜奶和奶液搅拌而导致变质，这就不能制酒了。

奶酒的制作原料"艾日格"就是这样成形的。将艾日格放入支好的大锅里，上面放上酒笼，酒笼上面再放上小铁锅。小铁锅下面要用两条绳子悬吊一个接酒坛子。两锅和酒笼间的缝隙要用泥巴封严，以防跑气，然后用牛粪火慢烧使艾日格慢慢沸腾，蒸汽扑到小锅底后会凝结成水珠而滴进下面的接酒坛子里。小铁锅

① 接奶酒的小锅

② 换凉水

③ 酒笼

图 3-39　制作奶酒的全过程

要盛满冷水，用瓢或勺不断扬，促使锅底蒸汽快速冷却。这样就有酒滴不断滴进接酒坛子，从而形成奶子酒。这种蒸馏酒笼牧民叫"布日合"（图 3-39），锅盖叫"吉勒布奇"。

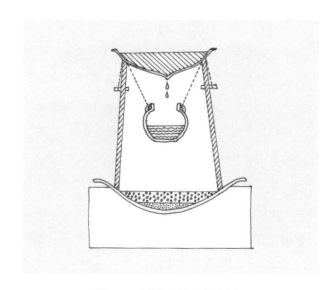

图 3-40　奶子酒制作过程示意图

　　蒸馏型奶子酒是在发酵奶酒的基础上，通过加热提纯，酒精度根据蒸馏次数多少不同，一般在 8°～ 30° 之间，最高可达 48°。蒸馏型奶子酒无色、清亮透明、无悬浮物、无沉淀。（图 3-40）

　　奶子酒奶香纯正、酸甜适口，极大地满足了人们既想饮酒又想健康的愿望，符合人们对酒类的消费观念和潮流，所以奶子酒有着良好的市场前景。

　　奶子酒能够暖身、开胃、广通思路、加快血液循环，具有理气安神之功效。蒙古地区属高原，寒冷、风沙大，游牧生活居住分散，野外作业时间长，尤其是冬季，需要饮用几口奶子酒保暖、防寒，因此牧民常常带一些奶酒备用。客人远道而来时也要喝酒取暖。

　　奶子酒很受蒙古族同胞喜爱，但"酒，少喝则蜜，多喝则毒"。所以在成吉思汗时期严禁过度饮酒。他的箴言中有这样一句话："嗜酒者昏，若聋若瞽，心首无主，执业俱废。"

奶子酒现在的生产量并不大，市场上也不多见，可能是由于人们对奶子酒的接受程度不高，也可能是奶子酒的成本较高。但是，奶子酒在很多牧民家里是常见的奶制品。与其他民族用酒做药引一样，在蒙古族的药材中，奶子酒经常被当作"药引子"来治疗疾病，也有很多的实践证明，奶子酒确实有驱寒回暖和治疗风湿的功效。

呼荣格：发酵剂，蒙古语称"呼荣格"，也可以指发酵制成的饮品，也可指奶豆腐或奶干。每次将牛奶酸凝后，取出 500ml 左右放入小布袋中，使其水分渗出，剩余的酸奶进行进一步发酵，即成为下一次用的呼荣格。这种呼荣格是一种含水量极少的细腻而黏滑的均质的酸凝乳。有时也可用熟乳发酵。锡林郭勒牧民将 100 克左右小米放入小布袋中扎好上口，放入酸奶桶，任其自然发酵，小米粒膨胀，吸附大量酸奶，成为第二年使用的发酵剂[①]。

将过滤好的鲜牛奶放入桶或缸中后再加入发酵剂，利用木棒或其他工具进行上下捣搅，每天添加一定量的鲜牛奶，反复进行捣搅。这样的操作使牛奶不断地被撞击，温度升高，脂肪上浮，除去脂肪后，再发酵 1 ~ 2 天即可饮用。由于酸奶是发酵产品，在调理肠胃上被广泛地应用。

艾日格：艾日格（图 3-41）是在呼荣格里加上牛奶或驼奶、羊奶、山羊奶发酵而成，主要用于酿酒。牧民制备的艾日格从形态看可分为凝固型酸奶和搅拌型酸奶，按其酸度的大小可分为淡酸奶和酸酸奶，按其含脂率又可分为脱脂酸奶、低脂酸奶和高脂酸奶。艾日格形似稀奶糊，酸性很强，是草原上酿造奶酒的主要原料，也是广受人们欢迎的一种乳饮。据《蒙古秘史》中的记载，13 世纪的部落贵族有专门提供艾日格的牧户，他们"彻夜

① 乌尼等:《内蒙古牧区民族奶制品的种类及制造工艺》，内蒙古农牧学院学报，1996 年第 3 期。

图 3-41　艾日格

不停地搅动艾日格，其声音远处可闻"。可想而知，那时候艾日格的需求量很大。艾日格有较强的解毒功效，牧民们很早就用艾日格医治人和牲畜的各种中毒症。

查嘎：酿制奶子酒后剩余的残余酸奶液。这时的查嘎（图 3-42）类似于牛奶，稍微发白。

查嘎具有奶香的酸味，一般在秋初开始制作贮藏。查嘎主要用于佐餐调味，并具有分解油脂、消暑解毒的作用。牧民经常用查嘎来处理熟皮制革。用其熟皮既容易处理皮革，又不伤皮毛。冬春季节，对那些羸弱的牲畜，以温水加适量的查嘎喂灌它们，能使其很快恢复体力。

图 3-42　查嘎

图3-43　阿日查

阿日查：将酿奶子酒后剩下的发酵乳浓稠的部分装入布袋，沥干乳清，用手团圆或用压床挤压出的乳制品称为"阿日查"（图3-43），又叫"酸奶干"。阿日查味酸，可解毒，对胃肠疾病有较好的疗效。通常酿出的酒若酒劲大，阿日查就微酸，如果酒劲小，阿日查则非常酸。

阿日查是一类具有特殊酸味的奶制品，在加工方法、风味及外形与奶豆腐有一定区别，但在蒙古地区也被广泛制作和食用。因蒙古地区地域广阔，其做法、名称各地区也有差异（图3-44）。呼伦贝尔地区制作的阿日查称作"艾如勒"，锡林郭勒盟乌珠穆沁地区称作"阿日查呼如德"，锡林郭勒盟察哈尔地区称作"阿日查"，鄂尔多斯、巴彦淖尔地区称作"舒木勒"或"楚日么"，阿拉善地区称作"舒日木格"。

①压阿日查　　②制作阿日查　　③成品阿日查

图3-44　阿日查的制作过程

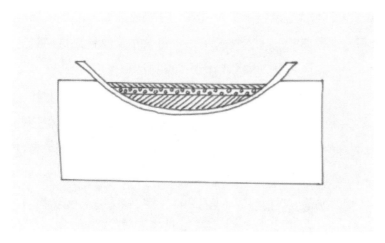

图 3-45 制作乌如穆（奶皮）手绘图

奶皮：蒙古语称"乌如穆"（图 3-45），在传统奶制品中占有很大的分量，是蒙古族同胞很爱食用的一种奶制品。它脂肪含量高，呈固态，颜色微黄（由于奶中色素的原因），厚度大约 1 厘米，外表面有很多皱褶，有浓郁的油脂香味。（图 3-46）秋、冬季产量高，春、夏季由于温度原因，产量低，且不易成

图 3-46 乌如穆

型。奶皮高脂肪易融化，所以高温时奶皮需冷冻贮藏。奶皮的食用方法很多，既可直接食用，也可以作为原料，烹饪新的菜式。牧民还把奶皮泡在奶茶中食用或拌炒米食用。

制作奶皮的原料奶一定要选取新鲜的牛奶或羊奶，牧民一般用牛奶来做。对牛奶的要求是脂肪含量越高越好。为了保证奶的纯净，制作前要用洗净、消毒的双层纱布或其他过滤器具多过滤几遍，确保奶液中不掺任何杂质。

把鲜奶倒入大口铁锅（图 3-47），并确保锅无水无油，用马粪或牛粪以文火慢慢加热，待奶液稍微滚沸起来后，用勺子不停

图 3-47　倒鲜奶

图 3-48　加热鲜奶不断翻扬

图 3-49　鲜奶上面的奶泡

地上下翻扬（图 3-48），直到鲜奶泛起许多泡沫（图 3-49）。

　　制作奶皮时，切勿将奶烧开，文火加热两小时左右，缓慢加温到 75℃～ 80℃即可。之后用勺子盛起，抬起一定高度（高度要适度，太高易溅出，太低不能形成大量泡沫），再把奶倒出。随着奶进入锅中，会出现一定的泡沫，重复此过程，称为翻扬。这些泡沫是产生成品奶皮蜂窝状的主要原因，所以在翻扬时要掌握好高度和力度，尽量让鲜奶泛起足够多的泡沫，同时还要保证奶不会飞溅出去。此外，翻扬时的火候也会极大地影响奶皮的品质，火小了奶皮就会特别薄，火大了奶皮会有焦煳味。有的牧民在翻扬时不断地添加生奶，或者在添加生奶时也会适时地放一些糖，保证奶皮变厚且带一点甜味。为了控制温度，可多次添加生奶，加奶和火候适当，就能取出比较厚的奶皮。待到翻扬 30 分钟左右，奶表面形成 2 ～ 3 厘米厚的奶泡沫层，逐渐地将火调小，停止扬奶。翻扬起沫的工序十分关键，一定要掌握好。

　　夏季制作奶皮时，将鲜奶扬一次即可，为了拥有更多的稀奶油，下午或晚上再加热一次，奶皮稍鼓起便可，第二天揭奶皮。收敛的奶皮可在夏季食用，也可存放于木缸中，到秋季用来炼奶皮油。秋季畜群肥壮，奶品丰富，并且，这个时候奶的油性大，做出来的奶皮脂肪含量高，易于储存。这时制作奶皮时将鲜奶扬两次。第二次扬时，将原有的表层掀到一旁，加少许鲜奶，再扬。扬奶的过程和第一次的一样。

停止翻扬待火逐渐减弱后，保温静置 1 ~ 1.5 小时，使奶泡沫慢慢消退（图 3-50），在奶表面逐渐形成一层皮膜，随着时间的推移，皮膜会越来越厚，形成蜂窝状麻面奶皮层。保温时，在锅上搭一根木棍，放上锅盖，将锅盖虚掩在锅上，主要是为了让水蒸气有蒸发的空间。经过保温后，使其处在室温下自然冷却，10 小时后，乳脂肪上浮，形成一层褶皱，即为奶皮（图 3-51）。

图 3-50　奶泡慢慢消退

图 3-51　形成奶皮

根据奶皮制作的特性，牧民一般喜在晚间加工，可利用夜间保温、冷却。第二天晨起，奶皮就可形成。既节约了时间又不耽误生产。为了避免泡沫骤然散开，切勿放置通风处。

秋季的奶皮可敛取，也可挑取，折成半圆形。奶皮放置整晚，一动不动。静置十几小时后，不仅奶皮会结实，乳中油脂球也会上浮，黏附在奶皮层中。清晨在灶中生火前揭奶皮，称为合叶奶皮。揭奶皮既是细致的工作，也是很专业的工作。将凝固的奶皮用铲子或刀将奶皮边与锅割开后（图3-52），双手轻举，正中间收拢，折叠，夹紧，最后晾干或冷冻（图3-53）。有些人把奶皮从锅沿划分开，然后用专用的细竹条或筷子从中间挑起来，

图 3-52　揭奶皮

图 3-53　捞奶皮

这样圆圆的奶皮就被折叠成半圆形，这叫揭奶皮。这两种办法都是技术工作，弄不好就会分开。

将对折好的奶皮放置于阴凉通风处晾晒，这样晾晒的奶皮白皙、柔软。避免让奶皮直接暴露在太阳下，否则易引起脂肪氧化，会使奶皮变黄变硬且品质下降。在晾干的过程中还要不时地进行翻动，其主要目的是保证内软外干，口感香脆。（图3-54）待到奶皮完全干透后，就用一个半圆形的笸箩来存放，以备冬春季节食用。正常情况下，做出1斤奶皮需用7~8斤鲜奶。

奶皮取出后，锅内剩余的就是熟奶，可利用熟奶制作奶酪或奶豆腐。锅底残留的是锅巴，奶锅巴也是很可口的奶制品。

奶皮按每100克计算，含蛋白质1.4克，脂肪79.4克，糖类6.4克，钙35毫克，维生素A为世界单位的882克。

额德莫格：额德莫格是将牛奶或鲜羊奶、驼奶置于罐中，温度保持在20℃~30℃，过6~8小时自然形成。额德莫格是制作奶酪的主要原材料，也可生吃，稍微加点糖、炒米、炒面会更

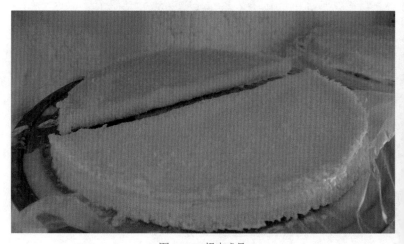

图3-54 奶皮成品

加美味且解乏、止咳。

额日：制作奶豆腐时取出的乳清，储存到一定量之后，将其倒入锅中煮沸几次（温度60℃～80℃）之后装入布袋，用石头挤压，待乳清挤干后，再切成长条或用手掰成碎块，称为"额日"（图3-55）。其味道酸、酥软，因此，受到老人、孩子的青睐。

酸奶：蒙古语称"塔日嘎"（图3-56）。一种是熟酵母酸奶，一种是生酵母酸奶。熟酵母酸奶是把鲜牛奶或鲜羊奶放入锅内，加热到40℃～45℃，但不必煮沸。待自然冷却后把上面凝结的一层奶皮子取出，把余奶放入其他容器中，使其发酵变酸即制作成功。生酵母酸奶是靠鲜奶自然发酵，温度在18℃以上，即发酵成豆腐脑式的酸奶。

将制备乌日莫（乌乳穆）时剩下的下层脱脂热奶的温度下降到40℃～45℃（以不烫手为准）时，按1∶20左右的比例加入保存好的发酵剂，边加入边搅拌，使发酵剂与脱脂奶混匀，脱脂奶逐渐降温，经0.5小时左右就逐渐开始酸凝，再经3～4小时就

图3-55　额日

图3-56　塔日嘎

可完全凝固成豆腐脑儿样，再放到次日（约经20小时），即成为"塔日嘎"，可直接食用。

　　鲜奶通过不同的程序、步骤可以生产出数十种奶制品，其分离出的副产品都可再生产，再利用，可以说是没有任何浪费的东西。即便是分离出的乳清，可以加工成食品，也可以用来发面。

　　乳清中含有多种活性物质，其主要成分是乳清蛋白和乳糖。乳清蛋白是一种营养价值很高且极易消化吸收的蛋白质，特别适合婴幼儿及老弱患者食用。

　　乳糖是哺乳动物幼畜摄取的主要的碳水化合物，除作为热源外，还具有帮助钙的吸收，促进大脑和神经系统的发育，有利于肠道中乳酸菌的发酵，抑制有害菌生长繁殖的作用。除此之外，乳清中还含有人体所需的多种矿物质和水溶性的维生素。

　　工业化生产奶酪和干酪素所得的乳清已经得到充分的利用，主要产品有乳清粉、乳清饮料、乳清干酪等。

图 3-57　乳清糖

乳清糖：乳清糖（图3-57）的加工所需原料有白糖、奶油和乳清，将白糖、奶油和乳清按1∶1∶5的比例加入锅中，中火熬煮，并不停地搅拌，以防糊锅，汤液逐渐变稠，直至搅拌阻力较大时，装至模具，冷却后，形成质地较硬的糖块。乳清糖因浓郁的奶香味，口感细腻，深受人们的喜爱。

策格：策格是以马奶（图3-58）为原料，曲种发酵酿造而成的饮品。策格是马奶在乳浆菌和酵母与适宜的温度条件下，乳

①

②

图3-58　挤马奶

浆菌、二氧化碳、酒精、芳香物质和类抗生素等物质形成的饮品。策格只发酵而不蒸馏。每年青草季节是酿策格的时节。每年到了秋天，牧草枯黄，就停止挤马奶，所以策格的生产周期较短，产量也不高，边酿造边喝完。策格的酒精度数较低，只有三度左右，因此不宜长时间储藏。但策格以味道鲜美受到世人的青睐。我国元代诗人称赞它"味似融甘露，香凝酿凤泉"。

策格的制作工艺要求较高。首先要特别注意卫生，要将其放置于阴凉潮湿的地方发酵。发酵酸马奶时，要准备专门的房间，在地面挖一个坑，将盛马奶容器的下半部分置于坑内，经常在坑内加水保持湿度。同时，也要注意每天搅动，搅动次数及搅动的数量都有一定的标准。策格质量的好坏，与搅动有很大的关系。牧民特别注意马奶的发酵度，在发酵初期，马奶的变化最为敏感，因此需要特别认真地观察其状态，特别注意根据实际情况调节其发酵度。发酵度可分为良性发酵和劣性发酵。发酵泡沫小而密，集中在中间冒出，发出"滋滋"的响声，入口时舌尖有刺激感，有喷鼻的香味，说明是良性发酵；相反，劣性发酵则表现为泡沫少，有沉淀，颜色发白，且发出怪异的气味。

策格不仅是口感醇厚、营养丰富的饮品，而且有药用价值。夏秋季饮用策格，有解渴、耐饿作用，老年人及体弱者饮用，则可强身健体。策格具有解毒、助消化、增强食欲的功效，很受水肿病、坏血病及胃病患者的青睐。不仅如此，现代医学实践证实，策格对肝病、肺结核等疾病都有一定疗效。在基层蒙医院有专用策格作为疗效饮料，广泛被用于治疗气管炎、肺结核病等呼吸系统疾病。

策格的制作通常是将新鲜马奶和发酵剂放入大水缸内，并开始搅拌，一轮搅拌 1500～2000 次后，停一段时间后再进行一轮搅拌，即搅拌—发酵—再搅拌—再发酵，重复多次进行搅拌，直到马奶产生大量的气泡，并发出"滋滋"的产气音。带有微细絮状物和醇酸味的纯正策格，从开始发酵到最后成熟需时 5 ～ 7 天，蒙古包的温度在 22℃～ 25℃。由于马奶含有高达 6% 的乳糖，策格中的酪蛋白多呈溶解状态，又含有白蛋白、蛋白质及大量的维生素 C，酒精含量可达 2% ～ 2.5%[①]。

① 乌尼等:《内蒙古牧区民族奶制品的种类及制造工艺》，内蒙古农牧学院学报，1996 年第 3 期。

花样奶酪：正蓝旗及其周边牧民一般会把奶豆腐装进木质的模具内，模具有花纹、四方、圆形、月亮、星星等多种样式。

切片奶酪：切片奶酪也是正蓝旗一种特色奶制品。用宽刃刀具将奶豆腐切成极细的片状，是对奶豆腐质地的一种极致体现。

二度奶：农历七月开始收二度奶。挤奶员让小牛犊进行第一次哺乳后，再进行挤奶。他们把第二次哺乳后挤的牛奶放入事先准备好的羊瘤胃中，然后将其吊在蒙古包墙壁上，放置在阴凉处进行自然发酵，这便是所谓的"二度奶"。挤奶员将装有二度奶的瘤胃向外渗出的黄水每隔 1 ～ 2 天刮除一次。经过一段时间自然发酵，牛奶会逐渐变稠，成为风味独特的奶制品。

图 3-59　额吉盖

额吉盖："额吉盖"（图 3-59）是奶制品中较少见的一类，在牧区，存好的乳清在蒸馏奶子酒时，被倒入大锅后，大缸底部会留有很多白色的稠糊体。牧民们把稠糊体倒入锅中，用文火烧开后，再装入布袋中压挤水分后，然后用手握压成型，晒干后就制成了这种奶制品，其颜色灰白，造型独特，味道不苦不腻，口感又脆又甜。

乳清嗜酸奶酒：乳清嗜酸奶子酒，清澈明亮，饮用后能增强体力，使人精神。

生乳酒：香甜可口。

熟乳酒：有一定酸性口感柔软。

苏布斯（淡酒）：在酿酒过程中，最初滴出的酒液叫苏布苏。通常，都是女性先敬天再自己品尝，以评估其酒劲。

阿日扎：把已酿出来的酒再次倒进锅中，进行再次蒸馏，酿出来的酒液叫阿日扎。

浩日扎：回酿的阿日扎称浩日扎。

夏日扎：回酿的浩日扎称夏日扎。

宝日扎：回酿的夏日扎称宝日扎。长辈们冬季出去打猎的时候当作药，受冻的时候在舌头上滴一滴来恢复体力。

回锅奶酒：已酿好的酒上面再加乳清酿出来的酒液。

忽日希莫勒酒（陈奶酒）：贮藏奶子酒时，将其盛入坛子里，放置在温暖的地方。冬季，可用皮、毡子覆盖以保持恒温，或埋入羊圈里的羊粪层下贮藏。贮藏的时间越长，酒的色泽愈呈黄色，其口感越加绵甜醇厚，味美爽口。酿造好的奶酒，一般不直接放在地上，而是放在木板或毡子上。这是为了保持陈奶酒的口感，避免其变味。陈奶酒具有增强体质、提高免疫力、调节血液循环的功能。陈奶酒加入黄油、红糖加热后饮用，还有祛风寒、改善睡眠、助消化的作用。

温吉木勒酒：珍藏一年的奶子酒称一岁温吉木勒酒，两年的称两岁温吉木勒酒。

活酵母：当成功酿造出奶子酒后，奶子酒桶内上部出现酒花，中间部分是清澈的酒，最下层的酒酵母比较黏稠，酒香弥漫，貌似有生命一样，故人们称之为活酵母。

初年酵母：活酵母刚发酵出来时间不长的叫初年酵母。

图 3-60　查干套苏（白油）

初年酵母内搭配一些牛奶和黄酒糟，调整好温度不冷不热，继续慢慢酿造。

幼年酵母：刚刚成型的酒叫幼年酵母。

新格：粘在奶油下面的部分叫新格。加入红糖与干粮搅拌食用，味道甚美。

白油：蒙古语称"查干套苏"（图 3-60），将奶油放入布袋或过滤器中过滤，浓缩后放入容器中，用专用木棒或擀面杖向同一方向搅动，每次搅动几十分钟，经多次搅拌自然呈现油状。或者放少量的冷水搅拌，这样也能加快油的凝结。在冷水中漂洗、揉搓，最后尽量挤出去水分即释放出白油。白油可以直接吃，也是制作黄油的最基本原料。

白油液：用奶油凝聚加工后，将白油团成团儿后剩下排出的液体，叫白油液。做馒头和炸果子用。

淖鲁尔：把挤出的鲜奶过滤后装入瓦罐或瓷器皿里 3 ~ 8 个

图 3-61　瘤胃奶油

小时，在乳汁凝固前会生成一层厚厚的油脂层，即为表奶油。羊乳产生的表奶油较薄，牛乳的较厚。主要用于熬奶茶。炸果子时用它，糕点会变松软味美。

瘤胃奶油：指储存在瘤胃中的黄油，颜色和味道不变，能持久保存。（图 3-61）

盲肠黄油：指贮存于羊盲肠中的黄油。

初冬奶皮子：冬初制作的奶皮子，称初冬皮子。直接吃也挺美味。

春季奶皮：春初制作的奶皮称为春季奶皮子。春季奶皮不适于直接食用，味涩，酸。

干奶皮：奶皮放在凉爽的地方晾干，会形成干奶皮，可长期储存。

陈奶皮：跨年的奶皮。

初乳：初乳为母牛在生产牛犊时所形成的第一次牛乳。初乳在产后牛犊子吸吮及挤奶的操作下，三到五天内耗光。其产量不多，比较黏稠，但营养价值颇高，视为奶中极品。刚生下的牛犊子应吃够足量的初乳方能使身体健壮，免疫力强。余下的初乳可以储存制成奶制品。初乳的加工制作工艺可分为煮和煎。煮制初乳时，将初乳倒入铁锅内，放入少许水、炒米、白油，不停地搅拌，文火煮至出现泡沫。煎制初乳时，将初乳倒入铁锅内，无须任何其他奶制品，也不需要搅拌，直至文火煎至其表面硬化成形。

如果想长期保存牛奶，可以制作成干制奶。干制奶分为两种制作方法，一是火烧干制奶，将牛奶中掺杂少许炒米或稻米倒入铁锅内，文火慢慢煮至牛奶变黏稠成型后，将其取出，放置在干燥地方晾晒几天，完全干燥后进行储藏。二是阳光下晾晒去除其本身的水分进行风干。如果在阳光下晾晒，将牛奶倒入平底的托盘内，待其风干成型后，用铲子将其慢慢抠出托盘，取出后放置在干燥、空气流通较好的地方储藏。这种干制奶不易损坏变质，易储藏、易携带。

温煮奶：将鲜牛奶倒入铁锅内，文火熬煮，放入些许黄油。饮用有助于缓解胃胀和促进消化。

熟奶：制作奶皮用的煮沸的牛奶、羊奶、山羊奶称为熟奶。熟奶颜色发黄，油大且味甜。可直接饮用，也可放入奶茶中或用于加工乳酪。

齐德蒙：家中没有茶叶时，简单招待远道而来的宾客时常用的饮品。将鲜牛奶滴入水中，类似于奶茶一样的液体奶。

卓当：将黄米捣碎，用水和牛奶掺和，并将其煮开，待其变成黏稠状后饮用，"卓当"适合有肠胃疾病或消化不良者食用。

黑日马：将牛奶倒入铁锅后，大火煮开，制成的饮品称为"黑日马"。黑日马营养丰富，有强身健体、助睡眠、增加食欲

图 3-62 浩日么格

等功效，适合老年人饮用。

浩日么格："浩日么格"（图 3-62）是一种将牛奶、骆驼奶、羊奶、山羊奶稍加发酵后，以一定浓度存放再加入熟乳而成的饮品。因此浩日么格是介于酸奶和鲜奶之间的发酵饮品。它比塔日格、酸奶浓稠，酸度比这两种饮品低。塔日格、酸奶可直接饮用，但浩日么格需煮熟后饮用，不可再加工利用，只限于作饮品。浩日么格根据其加工原料可分为牛奶浩日么格、羊奶浩日么格、山羊奶浩日么格及驼奶浩日么格等多个种类。

一、奶制品的储存工艺

奶制品种类繁多，所以其储存方法也各不相同，一般是用晒干、制成浸膏、冷冻等方法储存。夏、秋两季奶食丰盛时，采取将奶豆腐、酸奶干、干酪、楚拉、酸奶渣等晒干，将奶皮晾干，将黄油、黄油渣、奶皮油制成浸膏的方式储存；秋末冬初时节，采用冷冻方法储存。用上述方法储存的奶食不会变质、变味、腐烂，能够长时间保持鲜美的味道。

图 3-63　干奶豆腐

图 3-64　晒干奶制品

（1）晒干工艺

春、夏、秋三个季节的奶食主要用晒干方法储存，此方法主要针对奶豆腐、干酪、奶酪干、楚拉、酸奶干、奶皮等奶食。其中，奶豆腐、干酪可以整块晒干，也可切成片或条晒干；奶酪干、楚拉直接晒干（图 3-63）；酸奶干通常切成片晒干；奶皮则整块对折或切成片晾干。

采用晒干工艺时要选择通风、干燥、卫生的场所（图3-64）。为防止苍蝇、蚊虫和尘土落在奶食上，需用纱布覆盖，并根据干燥程度，适时翻动，以达到均匀干燥的效果。

经过晒干的奶食，其色、香、味基本不变，能够放置较长时间，同时便于储存和携带，适合放牧、出行、狩猎时随身携带。因此，长期以来成为储存奶食的主要方式。

（2）制成浸膏工艺

对于一些液态或油性大的奶食，通常采用煮沸后放置等方法使其水分蒸发，最终制成浸膏的方法加以保存。此方法主要针对鲜奶、酸奶、黄油、黄油渣、奶皮油等。

图 3-65　装黄油的瓦罐

鲜奶不做奶食而需要长期保存时，可以用文火慢慢煮沸，当锅里的鲜奶剩下一半左右时水分基本会完全蒸发。这样的鲜奶放在阴凉处，即使夏天也可保持二十天左右口味不变。此方法适用于鲜奶稀缺时节，或为出远门的人路途中兑奶茶之用，其特点是既能储存较长时间，又能较为完整地保留鲜奶的营养成分。

到了秋末，可以将酸奶自然放置使其发酵，让水分蒸发，待形成浸膏后用手将其团成小球状储存。次年春天开始制作酸奶时可以用来当酵母使用。

黄油、黄油渣、奶皮油等油性大的奶食，可以用文火慢熬，使其水分完全蒸发，然后放入瓦罐（图 3-65）等容器中，既可保留原汁原味，又能长时间储存。

（3）冷冻工艺

在寒冷的季节，可以将黄油、白油、黄油渣、奶豆腐、楚拉、干酪、奶酪干、酸奶干、奶皮等奶制品直接冷冻保存。黄油、白油、黄油渣、奶皮油等油性大的奶制品通常装入瓦罐中密封保存，也可装入洗刷干净并晾干的羊瘤胃、羊盲肠等中储存。这样的储存方法既干净卫生，又因长时间处于密闭环境而能够保留奶制品的风味和营养。

秋末冬初时节，通常将新鲜的奶豆腐、楚拉、干酪、奶酪干、酸奶干、奶皮等奶食不经晒干而直接冷冻保存。这样储存的奶制品解冻食用时能够还原新鲜奶制品的口感和味道。

二、奶制品制作器具和饮食器具

（1）奶制品的制作器具

奶制品制作器具包括奶桶、奶锅、酸奶锅、酿酒锅、奶豆腐模具等。

奶桶：指用来挤奶或盛奶的桶，通常用木材、红铜、黄铜等制作（图3-66）。奶桶只可用于挤奶、盛奶，不可装入其他东西，尤其是肉类食品。但在必要时可用来盛水，此时，需要在桶内放入三颗或七颗白色的小石块。

奶锅：奶锅有大小不同的规格，根据用处不同，制作材料也有所不同。制作奶豆腐、奶皮，提炼黄油时要用大锅。尤其是做奶皮时要选用大而厚的锅，这样才会结厚厚的奶皮，且不会出现糊锅的现象。

图3-66　木桶

酸奶桶：酸奶桶（图 3-67）是专门用来发酵酸奶的木桶，其形状为底部较大，桶口较小，高 0.6 米～ 1 米，厚约三指。通常用松树、杉树、杨树制作。有上、中、下三道铁箍。桶盖中间有一小孔，捣棍的柄从其中伸出，这样既方便捣搅，又能防止尘土落入桶中。

图 3-67　酸奶桶

酿酒器具：酿酒器具（图 3-68）包括盛放艾日格的锅、酒笼、小铁锅、接酒坛子等。（图 3-69）

盛放艾日格的为规格中等的锅；锅上面放用木材制作的酒笼，酒笼的底部周长略小于锅沿，往上逐渐变细，无底无盖，外面有三道铁箍；酒笼上面放小铁锅，里面盛凉水起冷却作用；小铁锅下面用绳子悬吊一个接酒坛子，接酒坛子通常为瓦罐，有两个把

图 3-68　元代出土的蒸馏器

图 3-69　酿酒器具（铁锅，封布条，布日和，大铁锅，炉子）

图 3-70　奶豆腐模具

手，方便悬吊。两口锅和酒笼间的缝隙要用泥巴封严，以防跑气。

　　奶豆腐模具：传统的奶豆腐模具是用木材制作的正方形模具，将做好的奶豆腐装入模具压实，晾干、冷却后取出便可。除此之外还有各种不同规格、不同形状、不同花纹的模具，可以压出形形色色的奶豆腐，用于不同场合。（图 3-70）

　　储存器具：储存奶制品的器具除通常的瓦罐、布袋、铁皮柜之外，还有一些较为特殊的，如羊肚、羊瘤胃、牛胃等。

　　夏、秋两季宰羊时将羊肚完整地取下，收拾干净后吹入空气使其完全撑开，然后将口子用线捆紧以防漏气。放置几天后羊肚便会干燥。待用时，用乳清或茶水充分浸泡，或用碱水或加盐的艾日格硝一遍，硝过的羊肚会变得更加结实。经过加工的羊肚内可以存放黄油、白油，可保持较长时间不变质、不变色。

　　绵羊或山羊的瘤胃也可按上述方法洗净、晾干使用，其用途与羊肚相同，只是容积小了很多。

　　牛胃袋子也可用上述方法制作，其优点是容量大、质地结实。

（2）奶制品的饮食器具

　　奶制品的饮用器具有：金碗、金杯、银碗、银杯（图 3-71）；各种瓷碗、木碗；各种铜壶、银壶。饮食器具有金盘、银盘、铜

图 3-71　元代金器

盘、木盘，还有装奶制
品用的带盖的银盒、铜
盒、木盒。这些器具的
形状有方有圆，形状各
异。上面或雕刻或印制
各种图腾的纹样。据史
料记载，成吉思汗的二

图 3-72　酒具

儿子窝阔台时代，一个波斯人发明了一种酒具，放置在哈拉和林
宫廷中，名叫银树。高 7 米，树丛中 4 条龙向四个方向伸展，龙
嘴里分别流出策格、葡萄酒、艾日格和中原地区的黄酒。银树中
间立一手拿号角长着两只翅膀的裸体男孩。号角一响，四条龙嘴
里的酒分别流到下面放置的大缸里。每逢重大庆典和接待外来使
节时，人们用缸里的酒赏待来宾。（图 3-72）

图 3-73 玉海

现藏于北京故宫博物院的玉海（图 3-73），是忽必烈时代在宫廷中用于盛酒的大型器皿。青玉所制，连台高 1.2 米，直径 90 厘米，是专供皇室随时饮用的大型盛酒器。

奶制品的饮食器具：

20 世纪 50 年代的奶子酒瓶

宋元时期的玻璃酒器

白瓷大口小底盆（元上都遗址博物馆收藏）白瓷酒壶（元上都遗址博物馆收藏）

白瓷小罐（元上都遗址博物馆收藏）　青瓷高足杯残品（元上都遗址博物馆收藏）侧面

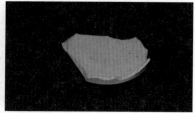

青瓷小低盘残品（元上都遗址博物馆收藏）侧面　青瓷小低盘残品（元上都遗址博物馆收藏）上面

黑油双耳陶罐　　　　　　　　黑油陶罐①

黑油陶罐②

黑油陶罐③

黑油小酒酒瓶

四耳陶罐

奶制品在游牧民族的生活中有着不可替代的地位，它蕴含了游牧民族在与其他民族交往交流交融中提炼出的经验智慧和思想感情，中华民族丰富多彩的风俗、文化均在其中有不同程度的展现。

本章将以谚语、祝赞词、民间故事、生活、礼仪等日常生活中的事象为例，展示奶制品从方方面面渗透到游牧民族生活中的情形，并通过这些文化事项，间接地探寻游牧民族的精神生活和道德追求，那是属于中华民族共有的精神家园。

第一节　民间文学中的奶制品

民俗事象大体上可分为语言和行为两大类，正蓝旗民间文学作品中有很多涉及奶制品。

一、谚语中的奶制品

谚语本身作为语言类的民俗事象，可以反映行为类的民俗事象，可以分类别地概括、提炼各种民俗事象的内涵。因此，把谚语和其他民俗事象联系起来考察，对谚语和其他民俗事象的把握都有好处。谚语是俗语的一种，是流传于民间的言简意赅的话语，是中华民族民间智慧的结晶，反映了劳动人民的生活实践经验，内容涉及社会生活的各个方面。一般都是经口头传下来的，多是口语形式的通俗易懂的短句或韵语，可分为农业谚语、牧业谚语、生活谚语、民俗谚语等多个内容。恰当地运用谚语可以使语言活泼风趣，也可增强文章的表现力。谚语是民间集体创造、广为口传、言简意赅并较为定型的艺术语言，是民众丰富智慧和普遍经验的规律性总结，反映了当时人们的生产生活和价值观念。

谚语在民俗系统中的作用可概括为：具有体现民俗系统行为的特征。谚语集中概括各类民俗事象的内涵，从而突出民俗的整体，起到纲举目张的作用；具有体现民俗系统内部结构的特征。谚语是民俗事项的联系渠道；具有体现民俗系统属性的特征。民俗系统中的组织现象，多是由谚语来完成的。

奶食相关谚语的内容主要涉及奶食的营养价值、奶食的象征意义、奶食在饮食体系中的地位、食用奶食的建议和禁忌等，这对于我们从传统知识中了解乳文化是十分有意义的帮助。

流传较广的奶制品相关谚语有：

① 与其常吃药，不如常喝发酵乳。

② 洁白的鲜奶是最佳的饮食，纯洁的心灵是最好的人品。

③ 没有奶皮是夏天的痛苦，没有肥肉是冬天的痛苦。

④ 奶食来自牲畜，容貌源自心灵。

⑤ 黄油是精炼的奶食，哈达是崇高的礼物。

⑥ 黄油是鲜奶的精华，奶茶是饮食的精髓。

⑦ 少喝烈酒，多喝酸奶。

⑧ 吃酸奶干能饱腹，喝烈性酒会醉倒。

⑨ 茶再淡也是饮食的精华，纸再薄也是知识的载体。

⑩ 不加鲜奶的茶颜色深黑，没有信仰的人心灵灰暗。

⑪ 一旦发酵无法还原为鲜奶，一旦破损无法恢复原貌。

⑫ 闲聊的话语内容少，空怀的母牛奶水少。

⑬ 良言出自心灵，奶酒源自鲜奶。

⑭ 好心的回报是鲜奶，坏心的报应是炉灰。

⑮ 吝啬的人交不到朋友，纯净的水结不出奶皮。

⑯ 若想吃奶食，首先放好牧。

⑰ 奶酒不可多饮，懒惰不可成性。

二、奶制品祝赞词

祝赞词是中国北方游牧民族传统的民间文学形式，是一种有一定韵调、语言自然流畅、兴之所至一气呵成的自由诗，入选了国家级非物质文化遗产。

祝赞词伴随着游牧民族穿过了岁月的长河，表现出极其顽强的生命力，它是蒙古族社会生活的需要。从古代英雄史诗等民间口头创作来看，祝词和赞词最初产生于劳动，是猎户、牧民的集体口头创作。

古老的祝词赞词大多是对天地山川、自然万物的赞颂，对渔猎畜牧生产的祈求祝福。后来由于社会生产的发展，独立的农业经济部门的出现，大自然被逐步认识，民间祝赞词也就逐渐消除了古老祝赞词那种原始宗教的色彩，而代之以对劳动生产的直接描述和对劳动成果的热烈赞美。祝词赞词中最精彩而又数量最多的，还是赞美日常生活的作品。从那达慕大会到婚礼仪式，从故乡山河到五畜以及日常用具和装饰品，都有相应的作品给予热烈地祝颂和赞美。

祝酒词是祝词和赞美词的总称。当牲畜繁殖、毡包落成、新婚嫁娶、婴儿诞生，善于辞令的祝颂者便要为人们祝福，献上吉祥的诗章。在喜气洋洋的宴会上，好客的主人首先要朗诵热情洋溢的祝酒词，劝客人干杯。这类富有草原气息、以朗诵诗形式出现的祝词和赞词，自古在内蒙古草原上广为流传。

祝词和赞词多在庄重肃穆的场合或节日喜庆的仪式上吟唱，所以用词绚丽、情真词切、感情奔放、语意激扬。它在表现形式和语言风格上不同于一般民歌，民歌多是四行一节，重叠复沓，而祝词、赞词则是一气呵成、长短不拘。民歌和诗歌要求押韵、句式整齐，祝赞词则不一定讲究严格的韵律，主要是追求口语的自然旋律、朗朗上口、舒展流畅，是一种有一定套式和吟诵曲调的自由诗。

祝词、赞词之间既有密切联系，又有一些细微差别。具体来说，祝词是古代人们献给神佛和祖辈的口头颂歌，包括人们对天神、地祇、山神、河伯、火神、狩猎神以及牲畜保护神等的祭祀，或对英雄好汉及优胜者的赞歌，或是长者及老年人对青年一代的祝福；赞词充满了人们对一切美好事物，对自己的劳动成果的喜悦和赞赏的感情。如对祖国山川大地、对新建的房屋、对丰盛的饮食、对优胜的骏马，甚至对相互赠送的礼品，都要进行赞颂。

祝词、赞词因祝赞的对象不同，形式也有差异。但祝词中不无赞美，赞词中也包含着祝颂，因而祝词、赞词便密不可分地交织在一起。祝赞词是一种具有鲜明地域文化特征的形式，它以游牧民族生动的语言述说着其对历史文化、人文习俗、道德、哲学和艺术的感悟。它体现和传承着中华民族文化传统，具有重要的历史价值，是研究传统文学、说唱、音乐等艺术发展史的重要依据。祝赞词源于社会生活，反映出人民生活习俗和精神风貌，也反映出多种文化相互交融的深厚内涵，是中华文化的瑰宝。

奶制品是游牧生活的重要内容之一，它不仅是主要的日常饮食，同时在游牧、远行、庆典、祭祀等各种活动中均扮演着不可或缺的角色。因此，与奶制品相关的祝赞词在民间流传甚广。较为常见的有《鲜奶祝赞词》《奶酒祝赞词》《策格赞》等，下面介绍流传于正蓝旗及周边地区的数篇经典祝赞词。

鲜奶祝赞词（节选）

祝愿平安健康，

祝愿幸福吉祥！

鲜奶代表上天雨露的恩赐，

鲜奶代表大地植被的福泽。

鲜奶是牧民悠久的宝藏，

鲜奶是充满智慧的文化。

自然放置，

它会发酵。

加入酵母，

变为酸奶。

不停搅动，

口味更佳。

加热蒸馏，

做成奶酒。

文火煮沸，

结成奶皮。

分离油脂，

提炼黄油。

加热搅拌，

做奶豆腐。

捞起晾晒，

做乳酪干。

发酵饮用，

可解毒素。

放入面中，

提升口味。

经常饮用，

可解疲乏。

适当加工，

可治顽疾。

做出奶茶，

招待客人。

祭祀仪式，

不可或缺。

在此祝愿，

五畜繁衍，

奶汁充盈，

带来富足！

展开哈达，

祝颂鲜奶，

好似涌泉，

永不枯竭！ ①

① 关布苏荣编：《苏尼特祝赞词》，内蒙古人民出版社 2010 年版，第 70—74 页。

奶酒祝赞词（图 4-1）

将结实的木桶，

洗涮干净。

将檀木做的搅棍，

安置妥当。

将发酵的牛奶，

倒入木桶，

适时添加鲜奶，

不停搅动。

图 4-1 唱祝赞词，敬奶酒

当桶内生成泡沫，
酸奶发出滋滋声，
为了防止溢出，
拿来白布苫盖，
一轮捣动一百下，
前后一共捣六轮，
待到浮出油脂，
细心将其撇去。
剩余倒入锅中，
架在炉上生火，
锅上安装酒笼，
笼上放一铁锅，
严密堵住缝隙，
不让蒸汽跑漏，
提来清澈泉水，
倒入上面铁锅，
蒸汽遇冷凝结，

滴入接酒容器，

顺着细细龙头，

一滴一滴流出。

将这纯净奶酒，

献给苍天大地，

祈愿福分永驻，

祈愿吉祥如意！

将这圣洁饮品，

献给诸位来宾，

祝愿兴旺发达，

祝愿幸福安康！

策格（图4-2）赞

祝愿平安健康，

祝愿幸福吉祥！

将这历史悠久的

传统饮品，

圣洁的策格，

图4-2　策格

盛在银碗，

热情祝赞。

选择良辰吉日，

拉起拴马长绳，

赶来骒马、马驹，

备好奶桶容器，

挑选最好骒马，

挤出丰盈马奶，

装入牛皮囊中，

放置几天发酵。

待到生成策格，

倒入纯银碗中，

首先献给老人，

继而人人有份，

大家欢聚一堂，

品尝新鲜策格，

载歌载舞欢宴，

祝赞圣洁饮品。

放在阴凉之地，

时刻注意温度，

怀着敬畏之心，

关注发酵程度，

这圣洁的策格，

是马奶的精华，

从古至今，

陪伴着牧民，

经常饮用促健康，

宴会场合能助兴，

长途跋涉可果腹，

疾病缠身能当药。

将圣洁的策格，

倒入银碗，

伴着歌声，

献给在座的各位，

祝愿吉祥永驻，

祝愿欢乐常在！

三、与奶制品相关的民间故事

民间故事是民间文学中的重要题材之一。从广义上讲，民间故事就是劳动人民创作并传播的、具有虚构内容的散文形式的口头文学作品，是所有民间散文作品的统称。民间故事是从远古时代起就在人们中间口头流传的一种以奇异的语言和象征的形式讲述人与人之间的种种关系，题材广泛而又充满幻想的叙事体故事。民间故事从生活本身出发，但也并不局限于实际情况以及人们认为真实的和合理的范围。它们往往包含着神秘的、异想天开的成分。

民间故事作为一种集体创作，在情节、主题、人物等方面有显著的类型化倾向。主题的类型化指许多故事表达同样的主题，如表达生活变富或弱者获胜的愿望，对机智善辩的赞扬、对愚蠢呆笨的讽刺等。

游牧民族的民间故事，多取材于牧业生产活动，反映畜牧业生活的内容，如射箭、骑马、挤奶、住毡房等。其中自然少不了与饮食生活尤其是与奶食相关的内容，此类民间故事的共同主题是正义战胜邪恶、传颂美德、歌颂智慧，反映了当地的地理环境和文化积淀。

下面记录两篇正蓝旗及周边地区流传的与奶食相关的民间故事，体会其中蕴含的中华民族共有的价值观和行为准则。

1. 棕毛花牛的故事

从前有一对无儿无女、赤贫如洗的老夫妇生活在草原上。老头子每日到野外去打猎以维持他们生计。

一日，老头子在打猎途中看到一只喜鹊展开翅膀张着嘴，眼睛一张一合地躺在地上，他查看后发现有一根树枝卡在了喜鹊喉咙上，好心的老头子小心翼翼地将树枝取了出来。幸免于难的喜鹊感激涕零地对老头子说道："老人家，您救了我的性命，作为报答我将送您一头棕毛花牛，您这就回家等着吧。"说完便飞走了。

老头子回到家还没来得及跟老伴说，便听见外面传来喜鹊的鸣叫声，他急忙走出去，看到门口来了一头乳房丰满壮硕的棕毛花牛。喜鹊嘱咐道："早晚挤奶时，您只要说'呼日、呼日'，奶牛就会产出一桶一桶的鲜奶。如果你们遇到什么困难了，只要呼唤三声'喜鹊，沙格、沙格'，我便会飞来帮助您。"

从那以后，老婆子每天说着"呼日、呼日"，挤下一桶一桶的牛奶，她用这些鲜奶制作奶食，不到三年，便让家里衣食无忧，生活逐渐富裕了起来。

贪婪的地方恶霸听说这件事后心生一计，他派人邀请老两口参加他儿子的婚礼。老两口应邀牵着心爱的奶牛去参加婚礼。进屋之前老头子嘱咐恶霸的仆人道："你们可千万别说'呼日、呼日'啊！"仆人听后很是好奇，待老人进屋后，他便说了"呼日、呼日"，只见棕毛花牛的乳房里源源不断地喷涌出奶汁。仆人悄悄地将这一情况汇报给了恶霸，恶霸便命人用另一头毛色相同的奶牛替换了老人的奶牛。散席后老两口准备牵着牛回去，不料那头牛却怎么拉也不动弹。恶霸见状对仆人下令道："看来这头牛是不喜欢酒味，你帮老人把牛牵回去吧。"

第二天早晨老婆子去挤奶时，那头牛却一脚踢翻了奶桶，并且又顶又撞，根本不让人靠近。老两口不禁心生疑惑，仔细查看才发现不是自家的奶牛。无奈之下老头子只好唤来了喜鹊，喜鹊说道："是贪婪的恶霸调换了你家的奶牛，我现在给你两根棍子，你到了他家，进门之前嘱咐仆人'千万别说哈布、亚布'啊！"

老头子夹着两根棍子去了恶霸家，按照喜鹊的嘱咐做了。果然，这次恶霸听了仆人的报告后决定自己试一试，待老头子进屋后他便迫不及待地冲着棍子说"哈布、亚布"，不料两根棍子立刻从地上弹起，朝着恶霸的脑袋轮番击打，直打得恶霸头昏脑涨，而且任他怎么跑也甩不掉那两根棍子。情急之下只好请老头子饶命，老头子便唤来喜鹊。喜鹊说道："您只要把棕毛花牛物归原主便可脱离险境，从今以后如果再找老两口的麻烦，会招来杀身之祸。"

① 特古斯、满达日瓦搜集整理：《正蓝旗民间故事》，内蒙古教育出版社 2016 年版，第 70-72 页。

从那以后，老两口过上了安稳、富足的生活 ①。

2. 吝啬之人的食物，终将撒在屋后面

从前有一个既刁钻又吝啬的婆婆。有一天，一个饥渴难耐的游方僧人来到她家。此时，儿媳妇正在捣马奶，便准备倒一碗给僧人喝，却见婆婆从外面走了进来，一时手足无措，给也不是，不给也不是。婆婆见她要把自家的马奶给外人喝，气不打一处来，便训斥儿媳妇赶紧出去到牛圈里干活。待儿媳妇急急忙忙跑出去后，她又抓了一把盐倒进了盛马奶的碗里。僧人见状无比气愤，趁婆婆不注意，从盐袋里舀了两碗盐，倒进了马奶桶中。僧人走后，婆婆发现马奶已变质，只好全部倒在了屋后。从那以后，"吝啬之人的食物，终将撒在屋后面"一说便流传开来 ②。

② 特古斯、满达日瓦搜集整理：《正蓝旗民间故事》，内蒙古教育出版社 2016 年版，第 120-121 页。

第二节　日常生活中的奶制品

奶制品正日益成为人们餐桌上不可或缺的一种食品。不同的加工提炼方法，可以生产出各种美味可口又极具营养价值的奶制品，它们不仅工艺独特、味道鲜美，同时也具有养生、保健和食疗的功能。蒙古族奶制品消费呈现出崇尚新鲜、崇尚精华、崇尚适量、崇尚分份、崇尚饮品等鲜明的中华文化特点。

一、奶制品与养生文化

奶制品具有养生功效已是不争的事实。

奶制品为何有养生功效，我们可以从以下几个方面加以分析。

首先，奶制品与游牧经济相协调。蒙古族是中华畜牧文化的重要载体，其生产的主要产品就是牲畜，从而使牛、羊、马肉和牛、羊、马奶等牧业产品成为蒙古族传统食物主要的构成。其饮食大体可以分成两大类，即"肉食和奶食"。这两类食品不仅占其食物构成的主体，并且这两类食品本身也达到精工细作的阶段，有些乳肉食品已被列入中华古代八珍之列。

其次，奶制品的加工方式与游牧经济相协调。游牧最大的特点是流动性，一年四季总是搬迁，这种生活方式要求尽量减少不便携带的物品，而对于食物，蒙古族则采用干制的方式，使其方便携带。人们将吃不完的牛奶或羊奶分离成奶和油。奶经加工制成奶干、奶豆腐、奶酪等干制食品。油则熬制成黄油，灌入牛胃或羊胃制成的皮囊中，然后让其在通风处凝固风干，也是为便于携带。

第三，奶制品与其生存环境相协调。蒙古族与其他民族的饮食需求一样，已经做到与自然的和谐，学会了顺乎自然，在这种和谐中求生存。蒙古族饮食季节性特征明显。内蒙古高原四季变化明显，在不同的季节，人体会产生不同的需求。一般春夏季节气候干热，人体胃液明显减少，表现出食欲不强，喜食爽口不腻的食品。相对而言，这时的蒙古族饮食多以奶制品为主。蒙古族生活地区的气候特点是春夏干燥炎热，秋冬寒冷。在这样的环境里，蒙古族人们学会了利用气候特点保存食物，并且已形成了完整的体系。牛奶的保存就更成体系，先将油和奶分离，然后，把油熬好后，存于羊胃制成的皮囊中风干，以备后用，脱去奶油的牛奶经过加工，可制成奶豆腐、奶干、奶酪等干制品保存下来。

最后，奶制品与食用者的机体相协调。蒙古族饮食以乳肉为主，保持平衡，例如，饮奶茶可以消除肉食的油腻，促进消化吸收，有强身健体的作用。再如，适量饮用马奶酒可以增加胃液，帮助消化肉食。奶制品具有食疗作用，如：酸奶能健胃壮阳、降血压、止渴解毒；奶皮属性清凉，有健心清肺、止渴防咳、毛发增多、治愈吐血的功效；黄油可以起安心养神、润肺通络、明目的作用；奶酪可缓解小儿积食、补钙养胃，并有抗癌作用；酥油渣有解毒、去火、消炎的疗效；奶豆腐可以消食健胃、通络顺气；奶酒有驱寒、活血、补肾、健胃、强骨等效能，适量饮用可治疗胃病、腰腿疼、肺结核等疾病。这些都是中华医药文化中的瑰宝。

（1）鲜奶的养生价值

牛奶的营养价值高，尤其是钙的含量非常高。钙是人体不可缺少的营养元素之一，缺钙会出现骨质疏松、抽筋乏力、易骨折、不易入睡、易惊醒、易感冒、抵抗力下降、关节疼、头晕失眠、脾气暴躁等多种症状，因此常喝牛奶对补钙有非常大的好处，并且牛奶中的钙非常容易被人体吸收。

图 4-3　羊奶

羊奶不同于牛奶，它不含过敏原酪蛋白，所以不会引起过敏。羊奶本身是热性的，对于肠胃炎等有很好的缓解作用，还可以补肾益气，使得肠道润滑，大便畅通。羊奶中的钙含量很高，有助于降低血压，而且羊奶还可以使血管软化，对于缓解动脉硬化等都是有好处的。羊奶中含有丰富的维生素 C，可以增加胶原蛋白的合成，从而延缓皮肤的衰老，而且富含其他营养物质，包括维生素 E、钙、铁、磷等微量元素，有利于强身健体。（图 4-3）

驼奶中的维生素 C、维生素 D 含量是牛奶的三倍左右，而脂肪含量则低于牛奶。最新研究表明，每天摄入一定量的驼奶，可以有效提高血液中葡萄糖水平，减少人体对于胰岛素的需求量，因此驼奶可以用于糖尿病的辅助治疗。驼奶含有高水平的胰岛素或类胰岛素蛋白，而且这些成分通过胃的酸性环境时可以不被损坏。这一特性可以解决现在口服胰岛素的缺陷，即胃中的酸度会破坏胰岛素成分，从而达不到相应的效果。

图 4-4　马奶

　　马奶中含有很高浓度的抗疲劳、抗氧化、抗衰老和增强免疫功能的物质，如乳糖、牛磺酸、支链氨基酸、乳免疫球蛋白、乳铁蛋白、溶菌酸、维生素 A、维生素 C 等。马奶能满足人体所需但不能自身合成的 8 种氨基酸。诸如亚油酸、亚麻酸等，这类物质是前列腺素合成的首要元素，也同时参与胆固醇在体内的转化和代谢，滋养元气。马奶富含维生素及矿物质元素，能够改善人体血液酸碱度，减少色斑的形成，具有抗氧化、抗衰老的功效，可防止皮肤干燥、角质化，对黄褐斑、老年斑等具有退斑功效。马奶含有被誉为"脑黄金"的牛磺酸及磷脂、多种酶类和促生长因子，对大脑发育、神经传导、视觉机能完善、促进骨髓功能、增强心脏功能、提高免疫力有着重要的作用和生理功能。马奶中乳清蛋白和酪蛋白的比例、人体必需脂肪酸占总脂肪酸的比率、甚至一些微量营养素如维生素 C 和牛磺酸等的含量，都优于牛羊乳。（图 4-4）

（2）奶制品的养生价值

奶油：奶油具有补充体力、增强心肺功能、滋养头发、润肤养颜的效果。（图4-5）

图4-5 嚼克（奶油）

黄油：黄油在提炼出来的奶制品中营养价值是最高的。它具有促进人体新陈代谢、健脾开胃、增添热量、延年益寿之功效。（图4-6）

图4-6 黄油

奶皮：奶皮子是奶制品中佳品，不仅味美甘甜，而且具有食疗作用。奶皮子属清凉，有健心清肺、止渴防咳之功效。（图4-7）

图4-7 奶皮

阿尔查：酸度较强，存放时间越长里边的油脂渗出越多，不易变质，具有解毒和助消化等医疗保健的作用。（图4-8）

奶子酒：奶子酒是奶制品精华。奶子酒越年久其纯度越高、颜色越黄、香醇可口。奶子酒除具有促进人体新陈代谢，健脾开胃、增添热量、延年益寿之功效之外，添加白糖或红糖后再加

图4-8 阿尔查

图4-9　奶子酒

图4-10　策格

热食用具有解热止渴、提神助消化的功能。（图4-9）

策格：策格含有多种能量和维生素，具有促进人体新陈代谢、抗衰老之功能。策格解热止渴，营养丰富，对神经衰弱、心脏病、肺病有着较好的辅助保健作用，也是招待贵客的上等饮料。常饮策格可缓解胃溃疡、肺结核等疾病的一些症状。（图4-10）

自古以来，由于游牧民族主要食用牛、羊、马、驼等五种牲畜的肉、乳等产品，所以，对这些动物产品的保健医疗作用有较多的了解和应用。在长期的生产生活实践中，他们积累了适合于游牧、狩猎生活的，利用饮食滋养身体、维护健康的丰富经验。如策格就是属于食疗的饮料，除了是饮用佳品，更主要的还在于其营养价值和医疗保健作用。策格作为保健的饮用佳品，沿用至今。蒙古族在很久以前就用策格治疗中毒。至今在牧区，如有蚊虫叮咬、疮痈、痘疹、狗咬，以及食物中毒的情况，亦常用策格涂擦或饮用。关于策格或马奶的功效，在历代中医蒙医书籍中均有记载[1]。在蒙古族传统的医学中，一直是把"策格"作为药物来治疗一些疾病，在长期的医疗实践和医学研究基础上，蒙医学创立了"策格疗法"来治疗多种疾病。"策格疗法"在蒙医饮食

① 德·初达勒：《奶及奶制品》，内蒙古人民出版社1975年，第45页。

疗法传统中占有独特而重要的地位。蒙医认为它是"营养价值极高的滋补品，是治疗多种疾病的高级药剂，延年益寿的佳品"。内蒙古锡林郭勒盟蒙医研究所多年来一直使用传统发酵酸马奶治疗胃肠道疾病、心血管疾病、肺结核、哮喘等，疗效十分显著，同时积累了不少的经验。

　　现代医疗检测技术研究表明，在马奶发酵成"策格"时产生 0.5% ~ 1% 的乳清酸和 1% 的低密度的乙醇。乳清酸能抑制肝脏合成胆固醇，降低血液中的胆固醇的总量，有扩张血管、降低血压的作用。低密度的乙醇也有降低胆固醇、防止动脉硬化的作用。临床研究表明，"策格"是冠心病、高血压、冠状动脉硬化的天然药物，对于肺结核等肺部疾病、慢性胃炎、十二指肠溃疡、肠结核、细菌性痢疾、神经衰弱、老年性腰腿疼痛、贫血、月经不调、痔疮、便秘等均有良好的治疗作用。策格作为含有大量益生菌的奶制品是营养与保健功能兼备的现代人的理想食品之一。随着社会健康观念的增强和改变，人们希望通过运动及合理的饮食来健全人体的生理机能，从而达到防病治病的功效。现在许多居住在城市的人群，会选择在夏秋之际到牧区喝策格疗养①。

二、奶制品中的功能观

　　饮食是人类日常生活中必不可少的内容之一。纵观人类的发展历史可以发现，饮食除具有充饥解渴的基本功能之外，其色、香、味、形和营养价值也被格外重视。饮食因为与不同地区的地理气候条件、自然环境、生活方式、生产模式密切相关，同时也会受到当地居民的观念、审美、信仰等影响，因此形成了种类繁多、各具特色的饮食民俗。

① 乌尼等:《内蒙古牧区民族奶制品的种类及制造工艺》，内蒙古农牧学院学报，1996 年第 3 期。

蒙古高原的自然地理条件、放养五畜的游牧生产方式，决定了蒙古族饮食加工、储藏方法与其所处的地理环境相匹配，并影响相关习俗，这些饮食习俗所反映出的观点，则与中国其他地区的不同民族饮食观共同筑成了中华民族饮食的整体系统。

随着历史的推进，在长期的生产实践当中，勤劳智慧的游牧民族摸索出用不同的加工提炼方法，生产出各种各样美味可口又极具营养价值的传统奶食，不仅工艺独特味道鲜美，更具保健和食疗的功能。蒙古族奶制品既具有满足游牧生活所需的实用功能，又具有丰富的象征意义和礼仪功能，在民众生活中一直发挥着重要的作用。

（1）实用功能

在实用功能方面，蒙古族奶制品营养价值高、携带便利，适于迁徙而居的游牧生活方式。蒙古族两大食品：肉食和奶食，二者之间存在着营养互补、副作用相抵的关系。单就奶食角度来说，饮奶茶可以消除肉食的油腻，促进消化吸收，有强身健体的作用。饮策格可以增加胃液分泌，帮助人体消化肉食。除满足饮食需求外，奶食还具有滋补身体、预防疾病的功效。牛奶性寒、易吸收。而犏牛（黄牛与耗牛的杂交牛）奶性温，对上火、下泄有辅助疗效，并可舒经活血，预防动脉硬化；羊奶性热，适当饮用可治愈癔症，但常饮用或过量饮用，影响心脏功能；山羊奶易吸收、性寒，常饮有助于调节呼吸，辅助哮喘的治疗，也有除风去热功效；马奶易吸收、性寒，发酵饮用可改善肝功能，具有润肺、健脾胃、助消化，提高心脏、肾脏功能，扩张血管等功能；驼奶较清淡、性温，驼奶制品有理气、消肿、除虫等功效；酸奶可以健胃、降血压、止渴解毒；奶皮属性清凉，有健心清肺、止渴防咳、治愈呕血的功效；黄油可以起安心养神、润肺通络、明目的作用；奶酪有治小儿积食、补钙壮胃作用；酥油渣有解毒、去火、消炎的功效；奶豆腐可以消食健胃，通络顺气；奶酒有驱寒、活血、补肾、健胃、强骨等功能。

蒙古族对饮食的需求体现在顺应自然、与自然和谐相处的思想上，这是他们在自然与生存中寻求平衡的中华饮食文化特点。中华饮食文化历来注重季节性，而蒙古族饮食内容季节性特征尤为明显，这也体现了对畜牧产品生产特征的顺应。春季，气温转暖，万物复苏，经过寒冬的牲畜较瘦弱，况且羊在春季是产崽的高峰时期，对于牧民而言，此时杀羊吃肉显然是不合适的；夏季水草丰美，正是羊群长膘的时候，宰杀羊显然也不是明智之举。相对而言，乳的生产几乎不受季节影响，且产量较大。所以奶制品在蒙古族日常饮食中占有非常大的比重。制作并保存奶制品就成为蒙古族的重要生活内容，除了果腹，牧民身体需要的全部营养也来源于此。草原的气候四季分明，冬冷夏热，牧民的日常生活也很辛苦，需要大量的热量。因此，耐饥饿、耐储存且营养丰富又容易获得的奶制品成为牧民生活中的首选食物。充满智慧的草原游牧民以牲畜生产的奶为主要原料，制作了大量美味营养的奶制品。历史几经变迁，现如今生活在内蒙古地区的蒙古族很好地继承了中华民族对传统奶制品的制作技艺，奶制品仍深深地影响着他们的生活。

（2）象征意义和礼仪功能

在象征意义和礼仪功能方面，自古迄今，白色在中华民族心目中都有纯洁、吉祥的意义。蒙古族崇尚奶食，称之为"白食"，视其为食品中的极品。蒙古族习俗中，家人远行，长者要向长生天祭洒鲜奶，祝福出门者一路平安；每逢佳节庆典之日，都要以品尝奶食、敬献奶酒为最高礼节，以表达美好的祝愿；即使食用全羊宴席，也要先在羊头抹一点黄油，以示奶制品为先的礼数；在宴席开始之前主人会将一银碗鲜奶按照辈分和年龄顺序让客人品尝。即使宴席再大，如果敬奶漏掉一人，那就是主人最大的失误，也是对客人极大的不尊敬；蒙古族祭敖包和苏力德的时候，都会用鲜奶向天地万物祭洒；在喜庆和祈祷结束后，往往用双手挥动着奶桶，进行招福纳祥的仪式。

对奶制品的喜爱已经融入了蒙古族的生命中，奶制品的制作工艺已经深深融到生活中，与蒙古族民族文化息息相关。每日，蒙古族都会制作味道香醇的奶制品来满足自身的食物需求，除了供自家人日常食用，奶制品也用于款待宾客，作为供品在重大节日和祭祀中出现。为了表达对奶制品的尊重与喜爱，蒙古族许多的传统节日都与奶制品有关。如蒙古族最重要的传统节日——"查干萨日"，意为"白月"，据说就是来源于奶制品的洁白纯净，有祝福吉祥如意的意思；在锡林郭勒盟地区还要在每年的夏天过"马奶节"，节前家家要准备马奶做策格，要宰羊做手把羊肉或全羊宴。节日当天，每个牧民家都要拿出最好的奶酪、奶干、奶豆腐等奶制品用以招待四方的客人。策格作为圣洁的饮料，要献给尊贵的客人。牧民们为了幸福、吉祥、身体健康、人畜兴旺，用圣洁的马奶来命名这一节日。

三、奶制品中的饮食观

饮食不仅是人类赖以生存的物质基础，同时也为精神文化的发展提供了丰富的内容。蒙古族饮食以白食、红食、奶茶、汤类为主，而饮食基本理念则呈现出崇尚新鲜、崇尚精华、崇尚适量、崇尚分份、崇尚饮品等鲜明的特点[①]。

（1）崇尚新鲜观——注重质量

在食用白食、红食，尤其是饮用饮品时，蒙古族讲究崇尚新鲜，新熬的茶、新挤的奶、新熬的汤、新煮的肉、新做的奶豆

① 哈·丹碧扎拉桑主编：《蒙古民俗学》，辽宁民族出版社1995年版，第7-8页。

腐、新炼的黄油等都是蒙古族同胞心目中最美味、珍贵的饮食品。因此，招待客人时，一定要用新茶叶熬制新茶、用新鲜牛奶调味，并配上新鲜奶食和肉食。总之，在蒙古族传统习俗中，饮食品的珍贵首先体现了中华饮食文化中"新鲜"的要求，因为新鲜饮食品通常是质量最上乘、营养最丰富、口味最适宜的。

除了营养方面的考虑，新鲜的奶食，尤其是鲜奶还具有象征新事物、新征途开端的美好寓意。蒙古族在举行婚礼庆典时，让新郎、新娘品尝奶，剪胎发后让小孩品尝奶，让远征的人品尝奶，这些都带有纯洁、美好、安康的寓意。可以说，无论从物质文化角度还是精神文化角度，新鲜的奶食都是高质量的象征。就像中国当代著名诗人巴·布林贝赫（1928—2009）在《心与乳》中所描写的那样：

> 我们用鲜奶表达真情，
> 我们用鲜奶讴歌自由，
> 我们用鲜奶祈愿健康，
> 我们用鲜奶迎接幸福。[1]

① 敖其编著：《蒙古族民俗文化·饮食民俗》，乌恩宝力格译，内蒙古人民出版社2017年版，第28页。

（2）崇尚精华观——注重营养

在蒙古族传统习俗中，若要长期保存并享用美食，就要将食品加以精炼或浓缩，制作成精华食品。像奶豆腐、黄油、干肉、奶酒等均属于食品精华，其特点是体积小、便于携带、高热量、高营养，特别适于游牧生活。历史上，在蒙古族长途征战、征服欧亚大陆的过程中，精华食品可谓功不可没。如把肉晒成肉干，或磨成肉松，每位战士在打仗时带上一小袋，就相当于带了可供几天，甚至几十天食用的食品。或将一把酸奶豆腐装入皮囊中，加入清水，随着马的奔波，酸奶豆腐在水中溶化，饥饿时喝上几口皮囊中的奶水，既充饥又解渴，可以省去起灶生火等诸多劳作。

奶食和肉食是蒙古族主要饮食，均属于高热量食物，因此在生活中，无论哪种食物，都忌饮食过饱，讲究饮食量度。吃得过饱不仅无法吸收更多的营养，而且会影响肠胃的消化功能，易患疾病。调节饮食量度，能够充分吸收食物的营养，保持身体健康、身材匀称，提高免疫能力，使精神焕发，保持头脑清醒，达到营养与健康的双重效果。

（3）崇尚适量观——注重健康

在中华传统饮食习俗中，历来都提倡饮食要有节制，崇尚适量，即认为摄取的食物量能够达到七分饱的程度即可。作为中华传统饮食文化中的重要组成部分，蒙古族传统食品亦符合这一特点，为蒙古族最主要食物的白食（奶食）和红食（肉食），均是高热量、高营养食品，如果摄取过量，反而对身体有害，因此，崇尚适量是符合蒙古族生活习俗的一种科学的饮食观念。民间谚语所说"心安便是福气，半饱永远健康"，正是这种观念的体现。

另外，食物具有寒、热、温、凉四性，畜奶中，羊奶属热性，驼奶属温性，牛奶、马奶、山羊奶属凉性，因此，不同畜奶制作的奶食，具有不同的性味和作用，恰当利用，可调节人体气血阴阳，扶正祛邪。但无论何种食品，都不能过量摄入。因此，蒙古族传统饮食习俗中的适量观，在食疗和保持健康两方面，均有重要的实际意义[1]。

蒙古族在进餐饮茶时，历来都讲究分份。如吃手把肉时，不论宾主、长幼，每个人都会分到一份肉；喝奶茶时每个人的碗中也都会放入相同量的奶制品。崇尚分份不单单是因为食物匮乏，同时它也能起到控制高热量、高营养食物摄入量的作用。为杜绝浪费而不过量准备饭菜，但对客人也从不会吝啬，有则大家分而食之是蒙古族的传统习俗。客人也不可只挑取自己喜爱的食物大

① 达木林巴斯尔等编：《蒙古族食谱》，内蒙古科学技术出版社 1987 年版，第 11 页。

吃大喝，而应接受主人的分份，不嫌弃、不浪费地享用。合理有度始终是蒙古族饮食习俗中的重要内容。

同时，分份也体现了草原民族注重饮食卫生的观念，每个人只吃自己分到的那一份，能有效避免一些疾病的传播，有利于健康。

（4）崇尚饮品观——注重养生

崇尚饮品是蒙古族饮食文化的一大特点。这种习俗的形成与蒙古族所生存的地理环境特征、气候条件、生产方式和民俗习惯有着密切关系。蒙古高原干旱的气候和游牧民大部分时间行走于室外，风吹日晒的劳动方式，使他们必须摄入大量的水分。另外，茶饮对于蒙古族来说，其象征意义已经超越了单纯的饮食所包含的内容。家里来客人时，敬上一碗茶，表达的是一种问候和尊重。蒙古族传统的奶茶和汤类均有十几个种类，主食中，汤面和稀粥也是最为普遍的食品①。

① 哈·丹碧扎拉森主编：《蒙古民俗学》，辽宁民族出版社1995年版，第24–26页。

崇尚奶茶。在所有饮品中，蒙古族特别注重奶茶。奶茶，由奶子和砖茶混合而成，既有奶的香味和营养，又有砖茶的苦涩与清新，具有解除疲劳、防寒降暑、增强食欲、帮助消化、降低血压、防止动脉硬化等功效，是由南茶北乳合作完成的。（图4–11）

图4–11　奶茶

清人志锐在他的《奶茶》一诗中写道："砖茶春碎煮成糜，牛乳交融最合宜。不受姜辛受盐咸，想它渴饮涤肠时。"蒙古族传统的熬茶，从准备熬制到喝茶，有其礼俗。熬制奶茶要用专门的锅，熬茶前一定要将锅洗净，这样有助于茶的浓度，熬出的茶颜色、味道香醇。一般自家喝茶也会加入奶豆腐、酸奶干、肉，这样一顿茶既可解渴也能充饥。也有根据奶茶的熬制方法分为谷米底料奶茶和米茶等。

蒙古族喝茶历史悠久，据记载可追溯到唐代，在一些民间开展的互市 ① 中，茶叶由中原地区的人传了过来。相传王昭君出塞时，把茶叶带到了草原。当南国的香茶与北国的鲜奶交融后，牧民们每日不可缺少的"奶茶"便由此诞生。昭君出塞，是否把茶叶带到了草原，虽然于史无证，但亦属常理之中。昭君出塞的道路，极有可能就是沟通当时经济与文化的"茶叶之路"。千百年来，特别是清代以来，砖茶一驮驮、一箱箱地沿着昭君出塞的古道，大量进入蒙古草原，散入炊烟袅袅的毡房。茶叶作为生活必需品，被誉为"健康天使"，如今生活在草原上的各族人民仍保持着每天喝奶茶的饮食习惯，牧民在城里所开的奶茶馆生意也是蒸蒸日上。

① 互市，指历史上中原王朝与周边各族间，及中国与外国之间的贸易往来，亦称通商或通市，是古代中国内地与边疆经贸往来的重要渠道。

崇尚奶酒。酒是中华饮食文化中的重要内容，中国游牧民族有着以牲畜的奶加工制作各种饮食品的悠久历史。以牛奶、驼奶、羊奶发酵酿制的酒，被奉为上品，因此，饮酒在蒙古族物质文化生活及精神文化生活中占有重要地位。酒是一种营养丰富、味道醇美的饮品，适量饮用有解毒、助消化、强身健体等药用功能。酒与蒙古族的生活有着密切的联系。总体来说，蒙古族对酒的理解有以下几点：以酒为饮食德吉（精品、珍品），以酒为上乘礼物，以酒为宴会必备珍品，但是饮酒要有节制。

蒙古族在生活实践中深刻理解了酒的益处，将其运用到日常生活中，并奉其为上品，成为生活中不可或缺的一个部分。如，出征打仗、庆祝胜利、宴请长辈、婚庆宴席、亲朋聚会等场合都离不开酒，酒被尊为饮食德吉，有着很高的地位。蒙古族有句俗语"饮食之冠是酒，礼品之首为哈达"，这充分体现了酒在蒙古族同胞生活中的地位。

蒙古族的庆典仪式、婚庆宴席上，酒是不可缺少的饮品。除饮用外，还有相互敬酒，唱歌助兴的习俗。往往酒过三巡后开唱，唱歌也有一定的礼节，一般唱三首歌，还要分为开宴歌、助兴歌、压轴歌等不同的顺序，这不仅是蒙古族的文明礼节，也是中华酒文化的体现。选唱的歌曲一般较为庄重，在酒兴酣畅之际，悠扬的蒙古族长调民歌更能活跃宴会气氛，激发情感。

蒙古族在拜见长辈、探望邻里时，将酒作为上乘礼物敬献给对方。但并非对什么人都可以以酒为礼物。对父母、长辈或兄长以酒为礼物，表达尊敬之意；对于年龄小的人，尤其是年轻人，不可以酒为礼物。以酒为礼物时，并不是根据是否会饮酒，是否喜欢饮酒，而是视酒为上乘礼物，谨以此表达尊敬之意。

蒙古族在品味酒的甘醇的同时，也秉持适量饮酒的美德。对此不仅史书中有记载，而且在现实生活中也已形成了习惯。蒙古族不赞成青少年饮酒，认为即使到二十五岁也仍是未成年，主张过了三十七岁，过了人生的第三个本命年之后，四十岁才可以开始饮酒。有这样一句蒙古族格言："四十岁喝酒品尝，五十岁喝酒舒畅，六十岁喝酒享受。"这句格言总结了成人之后饮酒的适度以及对其的理解。

在蒙古族的习俗中，忌讳在长辈面前饮酒过量，并视饮酒过量为不可取之行为。俗话说"少饮则蜜，多饮则毒"。这是对饮酒养生作用的肯定和过量饮用害处的警示。

崇尚马奶。马奶节是蒙古族牧民的传统节日，流行于锡林郭勒盟和鄂尔多斯部分地区，以喝马奶酒为主要内容，故命名为马奶节，每年农历八月底举行。马奶节的举行，一方面是蒙古族为欢庆丰收，彼此祝福健康、吉祥、幸福的盛大节日。另一方面是因为七、八月份制作的策格味道最佳。这是因为秋季牲畜壮硕，马奶产量高、质量好。而且秋季的温度非常适宜发酵策格，秋季发酵的策格由于乙醇与乳酸的含量比例恰当，策格最是美味。在节日的这一天蒙古族牧民们一大早赶往会场，当太阳升起时，马奶节主要的活动项目——赛马就开始了。参加比赛的马均是年满两岁的小马，它们象征着草原的欣欣向荣和兴旺发达，也寓意着人们对马奶的感激和喜爱。大家聚在一起要饮用策格，食用奶制品和手扒肉。除赛马外，还会邀请民间歌手演唱祝词，向老蒙医献礼等。

第三节　传统民俗中的奶制品

在加工制作奶制品，满足自身生存需要的过程中，饮食习俗也应运而生。蒙古族饮食习俗的主要表现形式有献德吉、献祭品、米刺礼、饮食祭祀、饮食礼品、饮食祝赞等习俗。除此之外，在加工和享用食物过程中，讲究卫生、提倡节约、重视礼节、表达心意等方面，也能体会到蒙古族饮食习俗的丰富内容。

蒙古族饮食习俗所崇尚的对象不单是食物本身，它更是对包括牲畜、草场在内的自然环境和人与人和谐相处的社会关系的崇尚。可以说，它是蒙古族人文精神的突出体现、中华民族文化的优良传统，值得今天发扬光大。

奶及奶制品是蒙古族饮食的重要组成部分，蒙古族对奶制品是非常重视的，平常饮食就讲究"先白后红"，白就是指奶制品。大到各种节日的庆祝，神圣的祭拜活动，小到婚丧嫁娶、生育后代等重要时刻，奶制品都扮演着重要的角色。奶制品或作为美食被用来招待客人，或被当作礼物赠送亲友，或在各种仪式中扮演具有象征意义的角色。根据场合的不同有时会用到不同种类的奶制品，像祭祀等重要场合会用到黄油等珍贵的奶制品，社交场合会用到奶酒，这些都说明奶制品在蒙古族的日常生活中不仅仅是食物，也具有社会功能[1]。

正蓝旗奶制品礼仪较为典型，阐述了游牧民族崇尚奶制品，通过奶制品表达待客之道及仪式庆典的民俗事项。

① 扎格尔主编：《蒙古学百科全书·民俗》，内蒙古人民出版社 2010 年版，第 120 页。

一、摆放奶制品习俗

在过春节或重大庆典时，蒙古族有摆放奶制品，将其视为奶制品的"德吉"，生活富裕，一切美好事物象征的习俗。摆放奶制品时，将三个或四个专门为摆放奶制品而准备的长方形的炸果摆在食盘中，共五至七层，上面再摆上奶豆腐（图 4-12）或月饼，最后以奶皮、糖、枣作装饰。大年初一或庆典时，将摆好的

图 4-12　奶豆腐

奶制品盘放在餐桌中央。来拜年的人或参加庆典者，将盘中食物敬献给天地圣灵后，象征性地品尝一下。品尝时，食用作装饰部分的奶豆腐、奶皮，不可将摆盘弄塌或破坏原有的结构。过年时的摆盘，过了正月十五后分给家人食用；为庆典而准备的摆盘，三天后可分享。

二、品尝奶食习俗

鲜奶不仅是蒙古族最崇尚的饮品，一直也是真诚、纯洁的象征。正如前面讲到的蒙古族在举行婚礼庆典时，让新郎、新娘品尝鲜奶，剪胎发后让小孩品尝鲜奶，让远征的人品尝鲜奶，都带有纯洁、美好、安康的寓意。

在招待客人、举办庆典时，蒙古族都会摆放奶食盘，以此来表达敬献"德吉"、敬重客人的心意。一般由客人、庆典主持者或长者品尝奶食，以表对盛情款待的谢意。品尝奶食时，首先要敬天地圣灵，品尝后再还给主妇。奶食盘象征着主人的敬重之情，因此，品尝时切勿弄塌，品尝摆盘上的奶油、奶皮即可。宴会、庆典结束时，喝完马酒，再次品尝奶食，以表感谢，预祝美好的心意。

三、献德吉礼

献德吉[①]（图4-13、图4-14）礼是蒙古族饮食习俗中强调进餐顺序的一项礼节，更确切地说，是一种日常习俗。在平时，熬好早茶后将第一杯茶，即早茶之德吉敬献于天地、诸神及祖先，忌讳任何人在献德吉前品尝早茶。在家中进餐时，把饮食的德吉献给长辈、老人和父母，以此表达恭敬之意。这既是中华优秀传统文化的重要内容，也是世世代代的蒙古族进行爱护自然的教育、保持平和心态的一种文化活动。

① 德吉，指物之第一件，如饭之第一碗，酒之第一盅等，献给人以示尊敬。

图 4-13　献德吉　　　　　　　　　　　　　图 4-14　献德吉

在中华民族观念中，逝去的祖先是融入自然的一种存在，所以将饮食的德吉献于天、地、祖先，广义地讲即是献于自然。每日每餐都行献德吉礼，时刻不忘天地祖先和大自然的恩惠。感谢大自然的人，当然也会是一个珍惜自然、保护自然的人。这也正是蒙古族家庭对子女自幼进行献德吉礼教育的主要原因。

同时，对大自然心怀感恩的人，在社会交往中，对他人也会怀有一颗感恩的心，懂得感恩则会使人心情愉快，减少许多不必要的烦恼、忧愁等负面情绪。从这种意义上讲，献德吉习俗也有调整心态的积极作用。（图 4-15）

图 4-15　献德吉

四、献萨查礼

① 萨查礼，意为献祭，指向上洒酒、奶等，以求天地保佑的仪式。

献萨查礼 ① 是蒙古族传统民俗之一，指进食前或进行祭祀仪式时，向天、地、祖先祭洒饮食的一种习俗。（图 4-16）蒙古族认为，所有饮食都由天地祖先所赐予，因此在食用饮食前须敬献萨查礼，以示感恩之情。除日常饮食外，新挤的牛奶、新酿的奶酒等也需要行敬献礼。尤其是享用早茶或美酒时，一定要遵循献萨查礼。旅途中的人路过敖包、泉水旁时也要下马，完成献萨查礼后方可继续上路。

图 4-16　献萨查礼的木勺子（楚克吉）

在祭奠活动中，献萨查更是不可缺少的仪式之一。蒙古族最为隆重的祭奠活动——成吉思汗祭祀也是以敬献萨查宣告仪式开始的。成吉思汗祭祀以策格作为敬献的萨查，将用九十九匹白骒马的马奶发酵酿制的策格，装入称为"宝日温都尔"的专用容器中，用刻有九个小孔称为"楚楚格"的祭祀专用木勺祭洒。

在每年的火神祭祀、敖包祭祀、泉水祭祀、神树祭祀及除夕、初一、祭祖等各种活动中，献萨查都是主要内容之一。在婚宴、庆典及日常进食、饮酒等场合，也各有简繁程度不一的献萨查礼。祭品通常是普通的食品，而在较为隆重的祭祀仪式中，会专门制作专供祭祀用的食品。

五、米剌礼习俗

用饮食的德吉表达美好的祝愿是蒙古族传统习俗。其中，献祭品习俗表达的是对某种隐秘力量的敬畏与崇尚，而米剌礼[①]习俗表达的则是对可见的物品或人、畜等的祝福。

① 米剌礼，指以抹黄油的形式表达祝福的仪式。

米剌礼习俗是指把食品的德吉，涂抹在人、畜的某一部位，或具有象征意义的物品的表面，以此表达衷心祝福的礼俗。如婴儿诞生后第三天（有些地区为第五天或第七天），举行"呼伊孙·茶"宴时，长者对其行米剌礼，把黄油或奶皮涂抹在婴儿的前额上，咏诵祝赞词，祝福其苗壮成长。因此，有些地区也会把这一宴会称为"呼伊孙·米剌剌克"。进行米剌礼时，通常用右手的无名指，对儿童也可用将黄油、奶油涂抹在嘴唇上，亲吻其前额的方式来进行米剌礼；当男孩初次骑马时，对孩子和坐骑都行米剌礼，祝福孩子成为出色的骑手，祝福坐骑成为主人的得力助手；当男孩初次打猎时，用德吉对其大拇指行米剌礼，祝福他成为一名神箭手；女孩初次挤牛奶或挤羊奶时，母亲会用新鲜的奶汁涂抹其双手十指，咏诵祝赞词，祝福她成为勤劳能干的好女人；甚至制作出新的衣服、马鞍、马绊、马鞭时，也会对这些物品行米剌礼。

对牲畜进行米剌礼的习俗也很普遍。如春季接羔时节，对头一个落地的羊羔行米剌礼，将奶汁滴在其额头上，用黄油涂抹其前额、鼻尖，抱在怀中，祝福其苗壮成长。牧民认为只要头一个羊羔平安落地，健康存活，这年全部的羊羔个个都会苗壮成长；在骟羊羔时，完成头一只后对其行米剌礼，抱在怀中用黄油涂抹其前额、鼻尖，祝福其伤口早日痊愈。所用的器皿中也会倒入一些牛奶、小米等食品，并用黄油涂抹行米剌礼；留种畜时也会对种马、种牛、种羊行米剌礼，用牛奶、黄油涂抹，并咏诵祝赞词。

在吃肉时，对某些部位的骨头也会进行米剌礼。如将牛脖颈骨、羊肩胛骨、羊胸叉骨、羊拐等剔干净后，用网油包好，进行米剌礼。

搭建了新的蒙古包，也要对陶脑（天窗）、乌尼（椽子）、哈纳、坠绳、门、顶毡和家具器皿逐一行米剌礼。新做的毛毡、勒勒车、箱柜及各类生产用具，在初次使用时也要行米剌礼。

总之，米剌礼的内容特别广泛，凡是新事物的开端或形成伊始，都要用德吉行米剌礼，以示祝福。另外，并非所有人都能进行米剌礼，通常只由德高望重的长者来完成，认为这样会带来更多的幸运和吉祥。

献德吉习俗、献祭品习俗、米剌礼习俗等都是蒙古族崇尚饮食习俗的具体表现。其中，米剌礼习俗通常针对人、牲畜、器具等具体的事物；献德吉习俗是针对长辈、老人；而献祭品习俗则是针对神灵和不可知的神秘世界。

六、奶制品禁忌

奶制品是以鲜奶为原料加工而成的食品总称。蒙古族用鲜奶加工出各种不同的食品加以利用。虽然不同地区奶制品加工方法有所区别、名称也不尽相同，但是，关于奶制品的崇尚及象征与禁忌基本一样。例如，视奶食为一切美好食品的象征，所以有让客人品尝鲜奶或奶食的习俗。客人即使再忙也要品尝奶制品。因为崇尚奶制品而产生了忌讳洒鲜奶和奶食沾血的禁忌。蒙古族传统观念中，奶制品中包含一个家族的口福、财富，因此，忌一切不干净的东西，如袜子、鞋、裤子、衣衫等不能与奶和奶食放在一起；忌往奶桶、酸奶缸等容器中溅进血、汤、茶等；忌衣冠不整时给客人献奶食或接受别人敬献的食物；忌将奶食与肉食混合放入一个容器内；忌将奶制品与盐、碱、羊油、植物油混合；忌奶食与葱、蒜等蔬菜及飞禽肉、水果一起食用。盛奶食的容器不能倒扣放。品尝奶食时，有献祭的习俗，忌献祭前食用奶食。

蒙古族饮食禁忌中，忌铺张浪费，提倡节俭的警言有很多。如，忌挑食，碗里剩东西，忌吃完饭不清理碗。"一粒米在上苍眼里像峰骆驼，一滴奶像一片汪洋，不要造孽。"蒙古族常用这句话教育孩子从小养成节俭、勤劳的好品质，从而更好地传承勤劳节俭的中华优秀传统文化。

第五章

正蓝旗奶制品制作技艺代表性传承人

正蓝旗拥有"蓝旗奶食甲天下"之美誉，2014 年奶制品制作技艺经中华人民共和国国务院批准列入第四批国家级非物质文化遗产名录。非物质文化遗产是中华优秀传统文化的重要组成部分，广大传承人承担着传承中华文化的责任，他们付出了辛勤的劳动，将中华乳文化推向新时代。

第一节　奶制品制作技艺代表性传承人

陶高，1963 年生于正蓝旗桑根达来镇阿拉台嘎查，她从小便跟随母亲学习传统奶制品制作手艺。2015 年，陶高被锡林郭勒盟委评为全盟非遗代表性项目"优秀传承人"。2016 年 11 月，她在全盟首届"工匠杯"职业技能大赛中荣获奶制品加工技能竞赛冠军，并多次在正蓝旗察哈尔奶食节奶食评比中获奖。2018 年 5 月 16 日，文化和旅游部公布了第五批国家级非遗代表性项目代表性传承人，陶高被命名为奶制品制作技艺国家级非遗代表性项目代表性传承人。2000 年，陶高来到上都镇，创办了"阿乐泰"奶制品店，现已发展成为正蓝旗"汗伊德"食品有限责任公司。作为国家级制作"察干伊德"非物质文化遗产传承人，几十年来陶高仍坚持纯手工制作奶制品。每天，陶高都会从锅内舀起鲜奶，稍稍举高又倾倒进去，这样的动作她每天都会重复好几百遍。2012年以来，陶高走进赤峰、呼和浩特、北京等地的大酒店、旅游区进行介绍讲解，先后参加了内蒙古绿色农畜产品展览交易会、内蒙古第 21 届草原文化百家论坛"首届内蒙古国际绿色农畜产品推介会"等活动，现场为国内外采购团、商业协会及新闻媒体的朋友们制作奶豆腐、奶皮子，让越来越多的人了解"察干伊德"。2019 年 6 月，在北京举行的"守望相助建设祖国北疆亮丽风景线"为主题的庆祝"中华人民共和国成立 70 周年内蒙古专场"新闻发布会上，陶高应邀现场演示了传统奶豆腐制作手艺，把民族风情和草原特色文化通过"舌尖"传递出去，手工奶制品远销北京、上海等国内大都市及美国、日本等国，让"草原口味"飘香四海八方。

贷庆，1971 年出生于原杭克拉苏木乌兰图嘎嘎查牧民之家。贷庆从 1991 年开始在杭克拉苏木开始制作传统奶食，1997 年在上都镇创办了奶制品加工厂和销售点，日加工鲜奶 1.5 吨，并安排劳动就业 7 人。主要产品有浩乳德、楚拉、干奶条、黄油、酸油、图德、奶酒、酸奶、奶皮子等传统奶制品。2006 年在正蓝旗举办第一届奶制品评选比评中浩乳德、黄油获得一等奖；2009 年他创办的"杭克拉"品牌奶食获得了自治区优秀品牌荣誉称号，并在内蒙古新闻节目中被誉为牧民创办自有品牌第一人；2012 年被评为自治区劳模；2013 年被评为自治区创业致富带头人；2014 年被评为地方特产保护企业并获得锡林郭勒盟名牌奶制品的荣誉；2015 年荣获锡林郭勒盟畜牧业龙头企业。经过十几年的苦心传承、钻研，其创办了正蓝旗杭克拉奶制品厂"杭克拉牌系列奶制品"。贷庆荣誉当选为察哈尔奶食协会副会长，同时当选为内蒙古奶业协会会员，2010 年被授予锡林郭勒盟级非物质文化遗产项目"察干伊德制作技艺的代表性传承人"称号。贷庆荣获 2011 年正蓝旗文化体育工作先进个人荣誉称号，当选 2011 年正蓝旗第十三届人大代表。2011 年内蒙古电视台生活频道跟踪报道了贷庆的创业事迹，2011 年当选锡林郭勒盟青年联合会委员暨青年企业家协会会员。荣获 2012 年内蒙古自治区总工会授予的五一劳动奖章，2012 年内蒙古日报对贷庆进行专访，并发表专访报道，2012 年内蒙古电视台今日观察栏目组拍摄"幸福 101"之蓝旗故事中，主要讲述了贷庆的察干伊德创业之路。当选 2013 年正蓝旗第九届政协委员，2013 年内蒙古日报以"最美内蒙古人"对贷庆进行了专访和报道，2013 年全区农村牧区青年致富带头人标兵，锡林郭勒盟奶食协会副会长。在长达 30 年的从事传统奶食行业的工作中，他不仅为传统奶食业的传承和发扬做了卓越贡献，而且还培养了一批又一批的徒弟，使传统奶食业成为当地经济特色产业和牧民增收产业，2013 年被评为自治区创业致富带头人。

苏义拉毕力格，1967 年出生于正蓝旗那日图苏木巴音塔拉嘎查，是盟级察哈尔察干伊德代表性传承人。受家庭和周围生产生活环境的影响，她熟练掌握了 18 种传统奶制品制作技艺。1980 年毕业返乡后在家从事畜牧业生产和奶制品加工。她按照传统技艺精益求精加工制作，保留了传统奶制品的特点和风味，产品具有净、精、美的特点，市场产品供不应求。

道日娜，1970 年出生在正蓝旗上都镇，2019 年被评为正蓝旗非物质文化遗产名录察干伊德制作技艺项目代表性传承人。近年来，在国家和各级政府的大力支持与旗委的高度重视下，于 2015 年，她在上都镇建立了"苏恩搭拉奶食店"，先后在首届锡林郭勒察干伊德制作大赛、金莲川赏花节暨正蓝旗音乐美食季察干伊德品鉴评选比赛、第二届锡林郭勒奶酪评选暨美食品鉴汇奶制品创新产品展示竞赛等活动中获得二等奖。2021 年，在自治区餐饮业职工职业技能比赛暨呼和浩特第五届餐饮业职工职业技能比赛中黄油、奶豆腐、奶皮、酸奶等奶制品制作项目组第一名及行业评比多项荣誉，被评为察干伊德制作技艺项目非物质文化遗产代表性传承人。

娜仁花，1971 年出生于桑根达来镇巴音树盖嘎查。2015 年她成立了"正蓝旗土拉嘎奶食加工厂"，加工厂成立以来为了给当地的牧户提供更多帮助和服务而做出不断的努力。一是给当地牧户提供工作岗位，长期岗位 2-5 人，旺季岗位 8 人；二是工厂用的鲜奶全部从当地牧户手里购买，而且价格高于当地市场的平均价格。给牧户们提供了实实在在的帮助；三是让牧民的生活变得更加丰富多彩。节假期间给巴音树盖嘎查牧民一定的福利和带动牧民举办娱乐活动。

乌云其木格，正蓝旗"爱伦苏奶食店"的经营者。1973年出生于美丽的皇家奶制品发源地正蓝旗，在家乡上都镇四郎城嘎查的养殖场上养殖了 300 多头奶牛，每天产 1000 斤左右的牛奶，这些都是"爱伦苏奶食店"的产品原材料。她一直在为自己民族的传统文化努力着，渴望着被更多人发现、认识、喜爱。作坊里主要制作传统奶制品，包含奶豆腐、奶皮子、黄油、酸油、楚拉子、各种干奶条、酸酪蛋、奶子酒、乳清糖、图德和嚼克等奶制品，都是以最传统最健康的办法制作。创新奶制品主要加工乳清糖，年纯收入 30 余万元。2019 年 12 月乌云其木格被选为旗级传统奶食传承人。在正蓝旗第十届"元上都"察干伊德文化节评比活动中获得图德加工制作获得第一名，在锡林郭勒奶酪竞赛暨品鉴美食汇活动获得优秀奖。

通过对以上传承人、加工制作传统奶制品经营者的介绍，我们不仅可以从中了解到当地奶制品的经营发展道路，也能够感受到奶制品现代做法和传统做法区别不一样的地方就是口感上不一样，传统的做法就是有点慢，现代的做法快，但是传统方法做出来的奶制品的口感好。由于当地牧民的奶制品一直是采用传统方法制作出来的，口感好、品质高，不仅颇受当地人的欢迎，还有好多外地顾客专程来购买。酥油、奶皮、酸奶、乳清、酪蛋子等奶制品已畅销到全国各地，成为牧民主要的收入来源。

第二节　传承人自主创业促进传统工业振兴

一、非遗工作坊促进传统工艺创造性转化和创新性发展

自治区非遗就业工坊是国家传统工艺振兴项目的一部分。经内蒙古自治区文化与旅游厅筛选，内蒙古苏太食品有限责任公司成为首批八家非遗扶贫就业工坊的一员，也是全区唯一一个奶制品加工项目非遗扶贫就业工坊。

内蒙古苏太食品有限责任公司成立于 2016 年，主要生产销售蒙古族传统奶食及休闲食品类产品的创业企业。公司位于正蓝旗桑根达来镇宝力根查干嘎查。公司创始人为乌日根木勒，她生长在正蓝旗一个牧民家庭，曾经在中央人民广播电台从事播音主持工作近 10 年。因梦想着把家乡奶制品文化发扬光大，为地方经济发展做贡献，她和丈夫放弃在北京的工作，辞职返乡创业。

2012 年她以访问学者身份到蒙古国进修，了解蒙古国的传统奶制品加工情况；2016 年到日本参观了加工酸奶、蜂蜜等食品的中小企业；2017 年到香港参加了国际美食节活动；2018 年初到泰国参观学习了旅游产品包装销售，期间还多次到国内食品企业参观学习；2020 年 6 ～ 7 月在上海大学参加全国非遗培训班，系统学习非遗产品设计方面的知识。

　　苏太公司致力于把传统奶食推向市场，从基础主食类产品研发了"超薄奶酪片"、奶酪零食及儿童健康食品。公司注册了 3 种商标，设计了 20 几种包装，其创新的产品、精美的包装和稳定的质量获得了市场认可。公司成立以来，日加工鲜奶 1 吨左右，为当地牧户提供了十多个就业岗位，所用鲜奶全部从当地奶户手里购买，而且高于当地市场平均价格。公司为桑根达来镇图古日格嘎查 11 户建档立卡贫困户给予帮扶。通过免费举办培训班的形式带动牧民从事奶制品加工，通过短视频平台扩大销售，帮助牧民增收致富。

二、共同打造正蓝旗奶制品品牌的牧民

　　萨仁其木格，1991 年毕业于内蒙古师范大学秘书系，后回到正蓝旗上都镇敖伦毛都嘎查从事牧业生产劳动，2001 年成立乳泉奶食店。2006 年参加正蓝旗首届传统奶食节获得第一名，目前，萨仁其木格拥有 300 多平方米的标准化厂房，日加工牛奶量达到 3000 斤，主要产品有奶豆腐、楚拉、干奶条、黄油、酸油、图德、奶酒、酸奶、马奶、奶皮子等传统奶制品，另有创新性奶制品、奶糖、干果奶豆腐、酸奶饮料等，产品销往内蒙古各盟市、旗县以及北京、天津、河北等地，年收入达到 30 多万元。

　　苏义拉，2000 年在正蓝旗桑根达来镇创办"母意奶食店"，将牧民制作好的奶制品，如奶豆腐、楚拉、干奶豆腐条、黄油、楚其盖、奶子酒、阿日查等收购后批发到全区各地。目前，"母意奶食店"保持跟牧民长期协作的关系，引导牧民按质量卫生标准加工楚拉、黄油、楚其盖、奶子酒、阿日查等奶制品，与牧民共同打造正蓝旗奶制品品牌。

　　萨仁图雅，正蓝旗赛音胡都嘎苏木牧民，在正蓝旗旗上都镇创办萨日娜奶制品店十余年，多次在旗内外奶食评比中获奖。从

经营之初的日均 200 斤鲜奶发展到如今的日均 1000 斤鲜奶，主要经营奶豆腐、楚拉、奶皮子、黄油、嚼克、黄油渣子、图德、酸奶酪、酸奶、马奶、比西里嘎、干奶条、奶子酒、额格吉盖、搭西马格等传统奶食，其他还经营各种新式奶制品，如乳清糖、奶皮子糖、乳清酒、乳清饮料、奶食蛋糕等。

额日登其其格，正蓝旗上都镇阿日宝力格嘎查牧民，2012 年开始以传统工艺在自家开始制作奶制品，2014 年在正蓝旗上都镇创办齐纳日太奶食店，注册了"齐纳日太"商标，主要制作销售奶豆腐、奶皮、奶酪干、黄油、酸油、图德、乳清糖等奶制产品。奶食店加工厂占地 300 平方米厂房，平均日制奶量达到 2000 斤，年销售总额达 60 万元左右，净收入 20 万元左右。目前从业人员 3 人，并配备小型冷库，鲜奶主要来源于周边地区牧户及自家牧场。额日登其其格经营奶食店的同时积极参与制作奶制品各项培训，自 2017 年以来先后在首届锡林郭勒盟奶制品鉴评选、正蓝旗第十届"元上都"察干伊德文化节、锡林郭勒奶酪品鉴评选活动暨第十一届"元上都"察干伊德文化节、锡林郭勒盟农牧民培育民族奶制品产业培训实操技能竞赛、正蓝旗音乐美食季察干伊德品鉴评选、锡林郭勒盟奶制品鉴评选比赛现场制作花样奶豆腐等活动中获奖。

新其其格，从 2012 开始经营奶制品加工批发零售店，最初制作传统奶制品奶豆腐、楚拉、黄油、酸奶渣、图德。2017 年开始制作酸汤饮料和酸汤奶糖等新型奶制品产品，在"元上都"察干伊德文化节活动中，获乳清饮料评比第一名。目前传统奶制品和酸汤产品在内蒙古各盟市均有销售，在河南省也有固定销售渠道，奶制品系列产品销售年纯收入 20 万元。

哈斯格日勒，正蓝旗桑根达来镇巴音希勒嘎查牧民，2005 年 1 月在正蓝旗上都镇成立了格日勒奶制品店，以做传统奶制品为主。近年来，一方面，他积极参加政府举办的各类奶制品培训班，在传统奶制品的基础上，学到了很多新的技能和产品制作方法。另一方面，他积极参加自治区、盟级及旗级传统奶食文化节，和其他地区的专家和同行交流学习，并在比赛中荣获自治区级奶豆腐比赛第二名、熬锅茶第二名，两次盟级现场奶豆腐比赛一等奖、锡林郭勒盟第二届奶食节三等奖、察哈尔地区第九届奶食节黄油比赛二等奖、察哈尔地区第十届奶食节黄油比赛三等奖、察哈尔地区第十一届奶食节奶豆腐比赛三等奖、察哈尔地区第十四届奶食节奶子酒比赛三等奖、旗级奶皮子比赛一等奖、锡林浩特市高级新型学校奶食节三等奖。

陶格苏，正蓝旗桑根达来镇敖力克嘎查牧民，内蒙古自治区"三·八"红旗手。2019 年，陶格苏把嘎查的加工点搬到旗所在地上都镇，命名为贺木日奶制品店。2000 年开始创立传统奶制品加工点。2021 年 7 月参加了金莲川赏花节暨正蓝旗音乐美食季察干伊德品鉴评选比赛，获得第三名；2021 年 7 月参加了第二届锡林郭勒奶酪评选暨美食品鉴汇奶制品创新产品展示竞赛，获得第二名；参加锡林郭勒盟 2021 年高素质农牧民培育民族奶制品产业培训实操技能竞赛中获得第三名。

三、把皇家奶制品推向世界

胡日查，胡日查出生内蒙古锡林郭勒盟正蓝旗扎格斯台公社巴音宝利格大队，现任正蓝旗腾格里塔拉民族奶制品厂厂长。2003 年 3 月，胡日查创办正蓝旗腾格里塔拉民族奶制品厂；2006 年至今，在正蓝旗政府举办的一年一度的皇家奶食节上，胡日查的"萨利"奶制品均荣获优质奶制品和精制奶制品奖，并荣获"全盟民族文化商品优秀奖"；2007 年 8 月 14 日，正蓝旗传统奶制品协会成立，胡日查当担任协会负责人；2013 年 1 月 30 日，他的"萨利"牌商标被内蒙古自治区著名商标认定委员会认定为"内蒙古著名商标"；2017 年 11 月胡日查当选为中国人民政治协商会正蓝旗第八届委员会委员。

2006 年，蒙古国在首都乌兰巴托举办"蒙古国—中国商品展览暨投资洽谈会"，蒙古国贸工部和投资洽谈会组委会对参展商品从产品、技术和服务三方面进行综合检验，胡日查参展的"萨利"牌奶制品获得优秀奖，还被蒙古国工商业联合会授予"消费者最喜爱产品"称号。

1999 年，中华人民共和国商务部会同中宣部、科技部、财政部、环境保护部、交通运输部、铁道部、卫生部、工商总局、食品药品监管局、国家认监委、国家标准委和全国供销总社等 13 个部门，在全国推行以"提倡绿色消费、培育绿色市场、开辟绿色通道"为主要内容的"三绿工程"建设。在这场"三绿工程"品牌建设中，正蓝旗腾格里塔拉民族奶制品厂生产的"萨利"牌奶制品，成为正蓝旗蒙古族奶制品中的骨干产品，胡日查成了正蓝旗蒙古族奶制品产业领军人物。

"萨利"牌奶制品的年产量和销量都在稳步增长。正蓝旗腾格里塔拉民族奶制品厂产品除销售国内的内蒙、北京、河北、辽宁、湖南等省市外，还销往蒙古、日本、韩国等国外市场，市场份额占 80%，在正蓝旗同行业中排名第一。

四、把传统制作工艺与现代奶酪制作技艺相结合

孙立山，正蓝旗长虹奶制品厂厂长，原厂的名称为"察哈尔奶制品公司"，1954 年从河北张家口大境门外东窑子搬迁到正蓝旗成立地方国营正蓝旗乳品厂（察哈尔乳品公司黄油分公司）。主要生产乳粉、奶茶、糖果等奶制品。在长虹奶制品厂 60 多年的发展历程中，企业始终坚持"传承、弘扬民族传统文化，为消费

者提供安全健康食品"的经营理念，本着"互相促进、共同发展、达到双赢"的商业准则，形成了"创新、主动、认真、合作、效率"的企业文化。长虹人将"沿着祖先丝绸之路的足迹，让民族食品走向世界"为目标而奋斗。

正蓝旗长虹奶制品厂厂区占地面积 20000 平方米，建筑面积 10000 平方米，总资产 1800 万元，现有职工 59 人，正蓝旗长虹奶制品厂拥有合作牧场、鲜奶制品车间（奶酪、奶豆腐等传统现代奶酪制品）、特色糖果车间、休闲奶制品车间、固体饮料车间（喷制）和产品检验室，在保留传统技艺、工艺的同时不忘创新，目前五大类，100 个单品。2014 年 7 月 28 日，通过国家质量检验检疫总局审核获准使用地理标志保护专用标志企业；2014 年获得自治区著名商标、锡林郭勒盟知名商标、锡林郭勒盟消费者协会诚信单位、全区示范化企业工会、民族旅游产品示范企业、锡林郭勒盟扶困助学单位、正蓝旗技术改造先进单位等殊荣；2016 年通过 ISO9001 质量管理体系和 GB/T22000 食品安全管理体系审查并获得认证证书。

长虹厂本着品牌效应和细分市场的核心理念，形成以"长虹"为母品牌，"上都河""老蓝旗""蒙八旗""元都牧场"为子品牌的多品牌体系。

近年来，结合国内消费者营养需求和喜好，不断突破创新，新开发上市的比萨奶酪、萨拉球形奶酪、民族特色糖果、特色奶豆腐、奶皮子及乳清液综合应用的相关产品近 30 多种，该类产品因极具营养性、便捷性、适口性等特点深受广大消费者青睐，取得了良好的市场效益。

五、把传统熬煮奶茶与无添加剂的生产工艺保留并延续

王国民，正蓝旗利民奶制品厂企业法人。1983年从部队转业后返乡进入国企正蓝旗长虹乳品厂，从一名普通的基层工人干起，也正是这样一份工作让其与家乡的奶制品结缘。在国营老厂近20年的工作中从基层工人到车间组长从技术主管到生产主任经历了各时期的产品开发和技术创新，传统工艺生产的奶粉、奶茶粉、糖果等奶制品，无疑都是几代人记忆中纯正的家乡味道。1998年国有企业改制，王国民创办了正蓝旗利民奶制品厂，把正蓝旗奶茶粉传统熬煮和无添加剂的生产工艺保留和延续了下来，让每个喝奶茶的人都能品尝到纯正浓郁的正蓝旗奶茶，经过多年的市场销售和推广现已成为企业的主打产品，在全区拥有上千家合作销售客户及企业。企业将游牧文化生活中必不可少的奶茶和产业化生产完美结合，尊重文化和保留传统生产工艺的同时发展地区特色产业，让传统文化走得更广更远。

六、把传统奶食与面食相融合推出奶食系列月饼

杨杨，正蓝旗玉纯食品厂创办人。玉纯食品厂作为首家奶月饼研创企业，于2013年正式推出奶豆腐系列月饼，在锡林浩特地区连续3年获得广大消费者喜爱。为适应全国市场，他不断对自己的产品进一步深化，2017年推出了以中华云纹为背景，与中国戏剧脸谱相结合的一款礼盒，其中脸谱嘴部衔着一双中国传统餐具筷子，意在体现中华优秀传统文化。2019年玉纯食品与佐言品牌合作，正式推出以"玉纯拜月"为核心产品价值的一款节日礼盒。产品以"敖包相会"的故事原型为出发点，创意出以"玉纯"命名的典型蒙古族少女，并将这一"拟

人化符号"赋予一个动人的情景——玉纯拜月，意在表达浓重的"团圆"之意。通过人物插画的创意表现，将"玉纯"对家乡、对亲人的思念情切传神表达，更是将产品与品牌通过"玉纯"这一符号形成紧密关联，塑造成为企业独有的品牌资产，该包装现已申请外观专利。

七、第一批使用地理标志的生产企业

贺德龙，正蓝旗蒙元都农牧业开发有限责任公司承办人，公司成立于 2012 年 9 月 3 日，注册资金 100 万元，注册地位于锡林郭勒盟正蓝旗。注册商标为"蒙元都""蒙成元"。公司现有职工 23 人，工厂建筑面积 1533 平方米。公司自 2012 年至今已累计固定资产投资 1260 万元。2019 年实现年消耗鲜奶 1440 吨，销售额突破 800 万。2022 年销售额突破 1100 万。

公司致力于把内蒙古奶制品从地方特产推向全国市场，成为内蒙古传统奶制品行业的创新引领者，综合线上互联网 + 线下实体仓储配送，从基础主食类产品走向休闲零食及儿童健康食品。生产产品以传统奶制品、糖果制品为主，含奶制品、固体饮料为辅的生产模式。

公司于 2013 年荣获锡林郭勒盟守合同重信用企业、锡林郭勒盟诚信单位称号；2014 年国家质量监督检验检疫总局核准第一批使用正蓝旗奶豆腐（正蓝旗浩乳得）、正蓝旗奶皮子（正蓝旗乌日穆）地理标志保护产品；2015 年第二届中国·呼和浩特传统奶制品展示展销会被选为优质产品，公司于 2015 年参加了"锡林郭勒盟传统奶制品展示展销会"，常温奶豆腐系列产品得到了与会者的高度赞誉；2018 年企业通过《多彩家乡》栏目组进行品牌宣传，公司也不断积极参加各种展会提升品牌知名度；2020 年荣获自治区级"内蒙古诚信企业"称号。

八、把传统制作工艺与欧式奶酪制作技艺相结合

内蒙古西贝汇通牧业科技发展有限公司坐落于内蒙古锡林郭勒盟正蓝旗上都镇。公司创建于 2015 年 6 月 3 日，是内蒙古西贝餐饮集团有限公司独资子公司，注册资本 1000 万元人民币。目前主营产品有：西贝草原酸奶、蒙古鲜奶皮、蒙古奶酪、蒙古奶糖等蒙古族传统奶食，其中蒙古鲜奶皮入选国际慢食协会"2015 国际美味方舟食材名录"。

公司致力于把当地传统工艺制作方法和现代化的工业生产有效结合，严格执行"5S"标准化管理，使产品质量进一步提高，真正实现生产标准化、数据化、精细化，通过全程冷链运输配送到西贝餐饮全国各个门店，最大限度地保留了牛奶中的各种营养成分，将天然、优质、健康的锡林郭勒奶食送到全国每个西贝顾客的餐桌。西贝草原奶食基地投资约 300 万，建立了占地 300 多平方米，拥有 6 名专业化验员的奶食检测中心。目前，西贝草原奶食基地的检测中心具备奶制品及奶制品的常规理化、感官、微生物、污染物等全部出厂检验项目的专业检验能力，可检测 GB 19301 全项、GB19302 全项及 GB2760、GB2761、GB2762、GB4789 中关于奶制品及奶制品的全项。此外，检测中心还配备了专业的致病菌检测室，可对大肠杆菌、沙门氏菌、金黄色葡萄球菌等致病菌进行检测。检测中心目前还具备蒙古族传统奶食的全项检验能力，正在申请第三方资质认证，未来可对当地的其他奶食厂开放，进行奶食样品检测。西贝草原酸奶选用丹麦进口菌种、现代牧业的高指标奶源、澳洲稀奶油等优质原料，不添加增稠剂、防腐剂、乳化剂、香精、色素，经过 3690 次实验，四次迭代，于 2019 年 2 月开始在全国 59 个城市的 380 余家西贝餐饮门店售卖，并受到顾客一致好评。

为获得高品质奶源，公司于 2020 年建设西贝专属牧场。牧场位于正蓝旗黑城子示范区，总占地面积 2944 亩，计划总投资 5000 万，引进国外良种奶牛 1000 余头，年平均产奶量在 5000 吨以上，生牛乳指标全部高于国家标准，持续稳定地为西贝草原奶食基地提供优质奶源。其中牧场一期项目总投资 5800 万元，计划存栏奶牛 200 余头，建设规模 163 亩。

通过实现智能化优质高效有机牛奶的生产体系，为消费者提供安全可靠的有机奶食。同时牧场通过对奶牛养殖与作物种植的结合、粪便处理与资源化利用的结合等方法，采用"公司＋农户"一体化经营的方式，在保证养殖环节规模化经营的同时，促进种植业得到规模化发展，农业产业化效益得到加强，饲草饲料过腹还田，循环生态农业将得到有力推动，带动周边农户获得稳定的收益。

现阶段公司已与内蒙古农业大学食品科学与工程学院签署校企战略合作框架式协议。未来三年内，双方在教育合作、人才输出吸纳、科技研发等方面进行深度合作。通过"内蒙古农业大学食品科学与工程学院公共科研平台"拓展渠道，有效开展合作，与行业内专家共同研发锡林郭勒奶酪相关课题，并计划在西贝草原奶食基地设立"锡林郭勒奶酪研究院"就锡林郭勒奶酪加工关键技术研发课题进行深度研发，解决行业痛点，进一步优化锡林郭勒奶酪制作工艺，引领生态产业健康发展。

未来公司将积极探索锡林郭勒奶酪的创新发展思路，联合更多国内外高校、名厨共同参与研发奶食制作工艺新技术，结合意大利帕尔玛奶酪荷兰豪达"车轮"奶酪等产品属性及工艺特点，找到锡林郭勒奶酪与国人饮食文化相契合的机会点，在现有园区内投资 1100 万建立小而精的可视化观光型奶酪工厂，利用西贝餐饮全国 390 余家线下门店、线上商城的渠道资源，将更适合国人消费习惯及饮食特点的新式锡林郭勒奶酪投放到顾客的餐桌。

第六章
正蓝旗奶制品传统
工艺振兴路径分析

2017 年 1 月 24 日，习近平总书记在视察河北张家口市察北管理区时强调，我国是乳业生产和消费大国，要下决心把乳业做强做优，生产出让人民群众满意、放心的高品质乳业产品，打造出具有国际竞争力的乳业产业，培育出具有世界知名度的乳业品牌。他还多次强调要提高乳业质量安全和发展水平，实现乳业振兴。

2018 年 6 月《国务院办公厅关于推进奶业振兴保障乳品质量安全的意见》出台，指出奶业是健康中国、强壮民族不可或缺的产业，是食品安全的代表性产业，是农业现代化的标志性产业和一二三产业协调发展的战略性产业。近年来，我国奶业规模化、标准化、机械化、组织化水平大幅提升，龙头企业发展壮大，品牌建设持续推进，质量监管不断加强，产业素质日益提高，为保障乳品供给、促进奶农增收作出了积极贡献，但也存在产品供需结构不平衡、产业竞争力不强、消费培育不足等突出问题。当前要推进奶业振兴，保障乳品质量安全，提振广大群众对国产奶制品信心，进一步提升奶业竞争力。

为深入贯彻《国务院办公厅关于推进奶业振兴保障乳品质量安全的意见》（国办发〔2018〕43 号）精神和农业农村部等 9 部委《关于进一步促进奶业振兴的若干意见》（农牧发〔2018〕18

号）要求，我区先后出台自治区政府办公厅《关于推进奶业振兴的实施意见》《关于推进奶业振兴若干政策措施的通知》《关于推动全区民族传统奶制品产业发展若干措施的通知》《关于内蒙古自治区奶业振兴专项资金管理办法》以及自治区市场监管局等 11 部门《关于印发推动民族传统奶制品产业发展专项行动总体方案》等政策，2020 年 12 月 6 日又出台内蒙古自治区人民政府办公厅关于印发《奶业振兴三年行动方案（2020-2022 年）》的通知。

正蓝旗奶制品历史悠久，营养丰富，素以工艺独特、味道鲜美而闻名，获得了"中国察干伊德文化之乡""中国察干伊德文化传承基地"称号。2013 年正蓝旗奶豆腐（浩乳德）和奶皮子（乌日穆）获得国家地理标志产品保护；2014 年，正蓝旗察干伊德制作工艺成功列入国家非物质文化遗产名录。正蓝旗现有从事传统奶制品加工及销售经营企业 131 家，从业人员 1000 余人，其中取得中华人民共和国人力资源和社会保障部颁发的奶制品加工职业资格证书的有 426 人。生产企业 6 家，小作坊 91 家，销售经营户 9 家，私人加工点 27 家。全旗 20 年以上经营历史的有 7 家，10-20 年的有 19 家，5-10 年的有 29 家，5 年内的有 26 家，注册登记商标 163 件。

正蓝旗旗委、政府为贯彻落实"奶业振兴"战略，传承奶制品加工技艺这项国家级非物质文化遗产，着力保护好"蓝旗奶食"品牌，推出了一系列奶制品加工技艺传承振兴措施。

第一节　产业化发展推动正蓝旗奶制品制作技艺传承振兴

正蓝旗传统奶食有 80 余种，上市制作的传统奶食有 20 多种，以奶制作的饮料有 10 余种，同时研发出了比萨奶酪、干吃奶酪、乳清饮料、乳清糖类、奶食糖果、奶食糕点和奶食菜肴等诸多奶制品，在工艺上融入现代科技要素，丰富品种，提高质量，拓宽了市场。奶制品销售区域在区内有呼和浩特、包头、集宁、呼伦贝尔、通辽、兴安盟等主要城市以及一部分旗县市，区外有北京、天津、上海、深圳、广东、河北等城市。2020 年正蓝旗奶制品销售总额达到 5892 万元。（其中年销售额超过 100 万元的有 16 家，50 ～ 100 万元的有 18 家，20 ～ 50 万的有 21 家，20 万以内的有 33 家）。

此前，正蓝旗 70% 以上的奶制品都以裸露或者散装的方式销售，带有商标、生产者等信息，专属包装的产品较少。目前，正蓝旗通过建设集奶牛养殖、良种繁育、饲草种植、产品加工等于一体的生产标准体系，推动地方特色奶制品生产实现标准化、集约化发展。

正蓝旗现有牛奶存栏头数 3518 头，产奶牛 1500 头左右，产奶高峰期 30 吨左右，除去交售蒙牛公司以外，夏季每天仅有 20 吨，冬季每天 11 吨左右，每天加工浩乳德（奶豆腐）一项就需要优质牛奶 25 ～ 30 吨以上，如果按每天 30 吨牛奶计算，牛奶产值达到近 4000 万元，传统奶食产值达到 5000 多万元，如果发展到每天 60 吨，将突破 1 个亿的收入。

为深入贯彻落实习近平总书记对内蒙古发展千亿奶产业的重要指示精神，聚焦率先在全国实现奶业振兴目标，正蓝旗以奶业高质量发展为核心，推动龙头奶制品企业国际化、中小奶制品企业差异化和民族奶制品特色化发展为一体，打造具有创新引领、数智驱动、产业融合发展的世界级产业集群，为我国奶业转型升级、实现奶业全面振兴发挥示范带动和引领作用。"十四五"期间，正蓝旗以自治区《关于推进奶业振兴的实施意见》和《关于推动全区民族传统奶制品产业发展若干措施的通知》为主线，坚定不移走以生态优先、绿色发展为导向的高质量发展新路子。实现一二三产业融合发展的实际，从而解决当前传统奶制品行业发展中存在的散、小、乱等问题入手，加大产、学、研、宣、销方面的投入，在传统奶制品行业发展初期构建"民族奶制品文化与技艺孵化基地"，辐射带动全旗奶制品产业，实现龙头企业＋小作坊＋奶牛养殖户向标准化、规模化、产业化过渡，为下一步提升正蓝旗奶制品品牌，全力做好打造集群产业孵化、旅游观光、生产销售一体化的正蓝旗奶制品，实现供、产、销一体化的目标，为带动全旗奶制品健康快速发展奠定基础。

利用好国家、自治区、锡林郭勒盟委对传统产业政策资金支持，引导传统奶制品产业做大做强的关键在于制定奶制品产业发展规划和产业政策。做好中长期的规划，对于正蓝旗制定未来发展规划和政策支持导向是面；制定奶制品企业升级改造政策支持是重点；制定饲养奶牛或西门达尔牛产业支持政策和构建奶制品质量安全体系是基础。

因此，以上都镇、桑根达来镇等传统奶制品主产区为主辐射全旗。结合实施浑善达克沙地生态综合治理产业发展项目和"增牛减羊提质增效"示范旗项目，因地制宜发展以乳肉兼用西门塔尔牛为主，荷斯坦奶牛为辅的养殖模式，建立优质奶源基地，保障 20 户自治区试点传统作坊鲜奶供应。

推进标准化规模养殖。优先支持家庭奶牛养殖场规模化经营，加快形成以奶户规模化养殖为基础的生产经营体系。开展西门塔尔牛和荷斯坦牛养殖标准化示范奶站，对现有奶牛规模养殖场全部推行标准化生产。积极推动中小养殖场改造升级，重点在养殖设施设备、饲草料生产加工、粪污资源化利用等方面加大建设力度。提升改造存栏 50 头以上的家庭奶牛养殖场和奶户合作社，逐步提高标准化养殖水平，稳定奶源，确保原奶品质。

建立农牧民生鲜奶收购站。农牧民因受到运输鲜奶困难、挤奶量少、卖价低等因素制约，挤奶卖奶积极性不高。为改变此局面，应鼓励农牧民挤奶卖奶，在各嘎查或在一定范围内建立生鲜奶收购站，配备储奶罐和鲜奶运输罐车，再集中出售到奶制品加工企业。并对收购站点生鲜奶定期进行检验，确保各项指标正常。

促进养殖和加工一体化发展。鼓励具备条件的养殖场（户）兴办奶制品加工厂和加工企业；在农村牧区自养或合作建立奶牛养殖场等形式的"自养自加"为主的传统奶制品加工业。支持养殖场和加工厂自建联建的同时，整合资金、资源、技术、管理等要素，构建"奶＋合作社＋工厂"的新型利益共同体。

推进中小加工厂（小作坊）科学化规范化发展。进一步完善传统奶制品奶源、加工工艺、产品标准体系和 SC 认证，促进奶制品按标准生产和提档升级。深化民族传统奶制品生产许可改革，优化民族传统奶制品企业生产许可准入服务，实现申请、审批全程网上办理，简化许可审批流程，缩短审批时限。引导和支持中小奶制品加工厂、小作坊进入产业园，实施统一管理、统一检验，规范生产经营，打造规模优势，实现标准化生产、扩大产能、优化工艺、丰富产品种类，进一步拓展市场销路，走"专精特新"发展道路。对不具备进驻园区条件的，积极指导和扶持中小奶制品加工厂、小作坊按照传统奶制品生产加工工艺要求，改进生产条件，不断提升经营管理水平。

完善奶户加工者利益联结机制。严格落实购销合同。规范生鲜奶购销行为，监督加工户与养殖场（户）签订长期稳定的购销合同，维护生鲜奶收购秩序。依法查处和公布拒收、限收合格生鲜奶等不履行购销合同，以及凭借购销关系强推强卖兽药、饲草料、养殖设备等行为；建立奶价协商机制。成立加工者、养殖户、奶食业协会参加的生鲜奶价格协商合作社，定期监测养殖成本，参照原奶与成品价格合理比例，提供生鲜奶收购参考价格，引导加工者确定合理收购价格。

提升奶制品标准化建设。建设奶牛养殖、良种繁育、饲草种植、产品加工为一体的生产加工标准体系，推动传统奶制品生产实现标准化、集约化发展。在原有的传统奶制品加工标准的基础上，为适合全国消费者需求，创新研发出更多奶制品品种，包括花色奶豆腐（指90%的奶豆腐含量添加糖、果粉、可可粉、咖啡等非人工合成的原料）、图德（蒙古奶酪甜点）、家庭厨房和餐厅渠道半成品（指奶豆腐含量达到60%，夹心或外部涂层、挂糊裹粉产品）、再制奶豆腐等（指奶豆腐含量达到15%以上的含量）。鼓励行业协会、企业、合作社和研究机构自愿联合，共同制定与市场需求相适应的团体标准，促进传统奶制品技术革新、规范市场秩序、引领行业发展。

强化质量管理，提高传统奶制品市场竞争力。积极培育和做大做强"蓝旗奶食"传统品牌，培育打造传统奶制品公用品牌。规范产品包装设计，建立统一的标识体系，打造中华乳文化品牌，进一步提升"蓝旗奶食"品牌价值，形成中华乳文化品牌体系。

建立健全传统奶制品生产单位食品安全可追溯体系，强化养殖环节饲料、兽药等投入品监管，从源头上保障生鲜奶质量安全；对生鲜奶收购站、运输车、加工实行精准化、全时段管理，依法取缔不合格生产经营主体；在小作坊履行质量主体责任的基础上，按照属地就近检验的原则，对小作坊和分散的经营者，上级配备检验检测设施设备。

加大政策投入和技艺提升力度。在贯彻落实好自治区人民政府办公厅关于《推进奶业振兴若干政策措施》的基础上，结合正蓝旗实际，做好传统奶制品发展政策、资金、技术、宣传、培训等方面的扶持工作。聘请高校、科研院所和国家级传承人加大对从业人员技能和规范化生产加工、检验等方面的培训。针对目前传统奶制品质量存在的问题提出科学的解决方案，建立传统奶制品作坊加工生产质量安全体系，加大相对统一的生产设备的研发力度，对办理小作坊生产许可审查方面存在的问题予以解决，从而迅速提升正蓝旗传统奶制品社会美誉度，助推品牌知名度。

第二节　以乳文化为牵引的文旅融合发展模式

正蓝旗（图6-1）位于内蒙古自治区中部，吉祥草原锡林郭勒盟最南端，距离首都北京直线距离仅180公里，车程约300公里（2～3小时），是离北京最近的典型草原地区。正蓝旗北部为浑善达克沙地，呈现出沙地草原的自然风光，南部为低山丘陵，展现出草甸草原的美丽景象。正蓝旗有着悠久的历史和灿烂的文化，汉族、蒙古族、回族、满族等多个民族在此聚居。正蓝旗（图6-2）是内蒙古自治区唯一一处世界文化遗产元上都遗址所在地，是中国蒙古语标准音基地，是国家绿色畜产品基地，是中国察干伊德文化之乡和中国察干伊德文化传承基地，更是国家级非物质文化遗

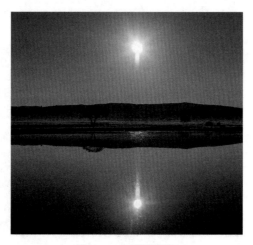

图6-1　正蓝旗风光

图 6-2　正蓝旗风光

产奶制品制作技艺传承基地，是中华乳文化的代表。在"以文塑旅 以旅彰文"的新时代，正蓝旗可以以中华乳文化为牵引，推动乳文化与旅游业、农牧业、加工业等相关产业融合发展。正蓝旗相继被评为"全国民族文化旅游十大品牌""全国 66 个最好玩的文化旅游大县""全国民族文化旅游新兴十大品牌""世界著名文化旅游县"，境内的元上都遗址（图6-3）被评为"自治区十大

图 6-3　元上都遗址

图 6-4　中国·上都镇

历史名胜之首", 并且于 2012 年 6 月 29 日被正式列入世界文化遗产名录, 中国·元上都（图 6-4）文化旅游节被评为"最具国际影响力"节庆奖, 上都镇荣获"2013 中国最美村镇"传承奖。

　　正蓝旗独特的区位优势, 便利的交通条件, 丰富的自然资源、璀璨的历史文化, 优惠的招商政策, 为正蓝旗乳文化与相关产业融合发展来无限的发展机遇。强化绿色生态理念, 开创智慧旅游时代, 遵循生态等级开发。首先, 保护好以"元上都遗址"为核心、以乳文化为特色的文化遗产旅游资源是正蓝旗旅游发展的第一要义, 是正蓝旗旅游发展的基础。其次, 保护好正蓝旗旗域内优越的、多样的自然景观环境也是正蓝旗文旅融合, 可持续发展的根本。正蓝旗是在京津冀周末游范围内最具游牧文化特色的典型草原地区。以乳文化体验为核心, 区域内可组织"正蓝旗 - 白旗 - 多伦县 - 太旗"历史文化旅游线路, 大区域 3 ~ 5 日游路线可组织"北京 - 怀来 - 张家口 - 崇礼县 - 沽源 - 太仆寺旗 - 正蓝旗 - 多伦 - 御道口 - 隆化 - 双滦 - 北京"路线。此外, 乌兰察布、锡林格勒、赤峰 3 盟市可联合提升旅游品牌效应, 推出以中华乳文化和资源优势紧密结合的精品旅游景区和旅游产品，进行区域品牌划分和提出创新的旅游产品组合。

正蓝旗是中国元朝历史文化的发祥地，承载着民族的融合和文明互鉴，而元上都、奶制品正是这种融合和交融最直接的见证。正蓝旗独特的地域条件和环境特色、淳朴的民族民俗文化，使其成为传承中华民族文化、促进各民族文化融合上的明珠。各景区的形象宣传口号为：浑善达克沙地（图6-5）——花园沙漠，民族风情；慧温河风景区——秀丽草原，山美水秀；小扎格斯台淖尔——湖光水色，清凉山水；查干淖尔——湖泊草原，水天一色；金莲川草原——鲜花草原，美轮美奂。

"牧民的一天"系列文化体验产品，建设"牧民的一天游牧生活体验园""牧民的一天马文化体验园""牧民的一天沙地骆驼体验园"三大乳文化体验园区，深入做好中华乳文化的传承、挖掘和展示展演，成为正蓝旗国家级非物质文化遗产的集中展示区。

图6-5　浑善达克沙地

慧温河沙地湿地公园、小扎格斯台淖尔风景区、浑善达克沙地自然保护示范区、巴音宝拉格自然景区、查干淖尔生态旅游区等生态观光区，以"重保护，轻开发"为原则，打造生态观光产品。北部为浑善达克沙地，呈现出沙地草原的自然风光；南部为低山丘陵，展现出草甸草原的美丽景象。基地将依托丰富的地形景观和已经形成的风景区，形成环绕全旗的自驾游线，沿游线选择自然风光和地形构成适宜的地区建设户外运动项目。包括自驾车营地、青少年草原特训营，徒步越野区、观星台等。重点加强交通、购物、餐饮、娱乐等薄弱要素的发展，确保乳文化融入"吃、住、行、游、购、娱"旅游六要素方方面面，协调发展。

把正蓝旗奶制品为主的美食打造成独具特色的旅游产品；大力发挥中国察干伊德文化之乡的品牌效应，发挥奶食资源优势，提升牧人之家的餐饮水平；通过举办"元上都草原美食节""正蓝旗奶食节"（图6-6）等节事活动，在全旗范围内重点培育"正

图6-6　正蓝旗奶食节

蓝旗奶工坊"，加快建设"奶食康养营地"；建设移动的餐饮供应站，满足较大规模的自驾人群需求。

正蓝旗（图6-7）以国家级非物质文化遗产——奶制品制作技艺为代表的非物质文化遗产十分丰富，对于非遗的最有效保护方法就是以产业支撑文化传承，将文化遗产中有条件的文化资源转化成为文化生产力，带来经济效益，反过来推动非物质文化遗产的保护。

加大文旅融合发展。举办有地方特色的旅游节庆活动，由于正蓝旗旅游发展受季节性影响较大。目前正蓝旗旅游主要以夏季草原生态景观旅游为主，而正蓝旗奶制品文化资源在四季均有其独特的观赏和体验价值，为地区发展反季节旅游提供了很好的发展条件，那达慕大会（图6-8）、元上都草原美食节、中国·元上都文化旅游节、徒步穿越浑善达克沙地活动、正蓝旗奶食节等夏季节日外，进行四季旅游节庆活动开发更多资源，增加春季那达慕、乳品美食文化节、冬季骆驼文化节、赛马节等反季节旅游娱乐项目。同时将蒙古族服装、服饰表演，柳条编制技艺，毛毡烙画制作，蒙古包加工、制作、安装等非物质文化遗产体验项目与奶制品融合在一起，向人们展示传统技艺。充分挖掘正蓝旗的饮食文化，可举办特色小吃文化节，通过图片展示、文化传承、内涵介绍、品尝体验等方式集中展示。

图6-7　正蓝旗美景

图6-8　冬季那达慕

根据正蓝旗旅游资源的分布特征和自然地理空间特征，以及适宜的功能活动内容要求，正蓝旗的旅游概括为"一核两带五片区"的整体结构。"一核"即"元上都遗址"文化旅游核心。"两带"即正蓝旗主要综合旅游发展带和民族文化旅游发展带。"五区"即上都文化综合旅游区、小扎格斯台风景区、草原温泉度假区、浑善达克沙地风景区、草原风光体验区。

在"一环"的基础上，根据不同地区的自然环境和历史文化特色，打造以乳文化为核心的三个旅游线路，即"草原都城"一日旅游线路（黄金旅游线路）、"沙地文化景观"二日旅游线路（沙地休闲运动旅游线路）和"游牧文化"三日旅游线路（游牧文化体验旅游线路）。本线路是紧密依托"元上都遗址与元代中国乳文化的高峰"，进行南北向串接，形成一个以"草原都城"为主题的正蓝旗黄金旅游线路。"草原都城"一日旅游线路（黄金旅游线路）有忽必烈广场及文化休闲体育广场——金莲川滨河湿地公园——元上都博物馆——金莲川草原——元上都遗址；生态园——忽必烈广场及文化休闲体育广场——元上都博物馆——金莲川草原——元上都遗址；元上都博物馆——金莲川草原——元上都遗址——乌和尔沁敖包生态旅游区——体验牧民生活——小扎格斯台淖尔风景区；元上都博物馆——金莲川草原——元上都遗址——小扎格斯台淖尔风景区——惠温河景区（图6-9）。

图6-9　惠温河景区

图 6-10　查干淖尔生态园

　　"沙地文化景观"二日旅游线路（沙地休闲运动旅游线路）有忽必烈广场及文化休闲体育广场——金莲川滨河湿地公园——元上都博物馆——金莲川草原——元上都遗址——小扎格斯台淖尔风景区——体验牧民生活——体验沙地越野——惠温河景区；忽必烈广场及文化休闲体育广场——巴音宝拉格自然景区——体验牧民生活——察哈尔第一党支部纪念馆——参观古树——查干淖尔生态旅游区（图6-10）——小扎格斯台淖尔风景区——乌和尔沁敖包生态旅游区——元上都遗址——金莲川草原——元上都博物馆；其查尔河生态旅游区——乌日图驿站——白嘎力牧场——高格斯台河风景区——小扎格斯台淖尔风景区——乌和尔沁敖包生态旅游区——元上都遗址——金莲川草原——元上都博物馆。

　　"游牧文化"三日旅游线路（游牧文化体验旅游线路）有忽必烈广场及文化休闲体育广场——金莲川滨河湿地公园——元上都博物馆——金莲川草原——元上都遗址——乌和尔沁敖包

图6-11　正蓝旗高格斯台河风景区

生态旅游区——小扎格斯台淖尔风景区——体验牧民生活——体验沙地越野——慧温河景区——白嘎力牧场——高格斯台河风景区——其查尔河生态旅游区；忽必烈广场及文化休闲体育广场——金莲川滨河湿地公园——元上都博物馆——金莲川草原——元上都遗址——乌和尔沁敖包生态旅游区——小扎格斯台淖尔风景区——体验牧民生活——体验沙地越野——慧温河景区——巴音宝拉格自然景区——体验牧民生活——察哈尔第一党支部纪念馆——参观古树——查干淖尔生态旅游区——纳·赛音朝克图纪念馆——高格斯台河风景区（图6-11）——参观古树。

　　在这些文旅项目体验内容设置中，要更多地体现奶食的加工技艺与文化内涵。如首先在正蓝旗这个旅游集散地打造奶食旅游产业和品牌产品，带动当地人致富。游客来到正蓝旗首先来到这个小小的，干干净净的，安安静静的小镇——上都镇，它虽然很小但是历史文化久远。上都镇北边一公里处金代的古遗址桓州城，当地牧民叫"四郎城"，四郎城遗址保存完好。四郎城遗址的历史渊源把上都镇的历史文化推到公元1110年，让小镇有了1000多年的历史辉煌。它经历了元明清的辉煌灿烂和衰退过程。小镇里很多奶制品制作的小作坊和厂子，有国家级、区级、盟级、旗级的奶制品制作技艺传承人等一系列旅游文化产业体系，他们为游客提供种类繁多的奶制品，同时展示奶制品加工技艺和文化内涵。正蓝旗抓住文旅融合的机遇，举办元上都旅游节、察干伊德文化旅游节等活动，将正蓝旗奶食的品牌做成了打出去、叫得响的品牌。通过几年来多种途径的宣传，奶制品的销量大增。奶制品的种类也由原来单一的几个品类扩大到几十种。由牧人自己在家做发展到市场化，由大小不同的家庭作坊到规模化生产的企业，实现了正蓝旗以奶制品为特色特色的吃、住、行、游、购、娱一条龙文化产业。让外来游客切身感受到游牧文化与其他文化融合发展的魅力。在旅游线上，让游客感受体验到生态、自然之美。正蓝旗奶制品商业化已渐成规模，如何拓展销售渠道，扩大经营模式，促进奶制品制作技艺的传承与振兴是下一步不断摸索和探讨的问题，游客的分类，游客的需求，游客购物采取的方式都是应该研究的课题。通过对游客的购买方式的研究，来决定正蓝旗奶制品的经营模式，经营理念。根据游客不断变化的需求和购买方式，来随机改变营销策略和服务方式。无论采取什么方式，都要对游客做到体贴入微，服务周到，让游客切实感受到蓝旗人民的民风朴实，暖心周到。

运用蒙古包和奶制品的天然融合特点，多点打造：（1）展示具有古老民族传统的蒙古包奶制品饮食特色和体验。（2）传统与现代相结合的奶制品饮食文化。（3）传统与科技相结合的奶制品饮食文化。（4）科技与现代感十足的奶制品饮食文化。请游客体验奶制品加工工艺，为他们营造一个从牛犊吃奶，到怎么挤奶，然后过滤，储藏鲜奶，到酸奶成型，发酵，入锅搅动后制作成奶豆腐的全过程。可以让他们亲身体验，亲自劳作，做出的奶豆腐带回家，分享给亲朋好友。让游客在劳作中体会牧人的生活生产劳动，让游客在蒙古包的缕缕炊烟中感受奶香的味道，让游客在浓荫蔽日的榆树林中体验劳作的快乐，让游客在勒勒车的缓缓前行中感受浑善达克的日出与晨昏。

通过乳文化与相关产业融合发展，可以增加农牧民收入，解决牧区剩余劳动力的就业，开发利用牧区剩余劳动力资源，成为正蓝旗人民经济持续、健康、快速发展的重要基础，保证正蓝旗政治安定、社会稳定的基本条件，实现正蓝旗经济新跨越的重要任务，能够促进我国各民族的共同发展和繁荣，加快建设和谐社会的步伐。

传统奶制品还可以作为正蓝旗特色经济来发展。特色经济是指一个地方在经济发展中，利用比较优势，通过市场竞争而形成的具有鲜明产品、企业、产业特色的经济结构。特色经济以特色资源为基础，以特色产品为核心，以特色技术为支撑，以特色产业为依托。在市场经济条件下，地方经济发展应遵循差异化发展、比较优势原则，以市场为基础配置资源，通过竞争确立优势，从而造就地方特色经济。

未来正蓝旗可以进一步丰富完善旅游业。中华民族传统奶制品作为正蓝旗饮食特产之一，成为吸引旅游客人和满足旅游者体验需求的重要环节。奶制品在市场上不仅只是单纯地为获得经济利益，更重要的是服务于正蓝旗的各项事业，推动正蓝旗实现高质量发展。

奶制品拥有几千年的历史，有着其独有的物质特性和文化内涵。随着人们生活质量和对营养价值追求的提高，民族奶制品正在逐步走向市场，受到越来越多消费者的青睐，奶制品产业也正在成为各旗县市大力扶持、竞相发展的重点产业，拥有十分广阔的市场空间和发展潜力。奶制品产业的快速兴起，使越来越多的农牧民群众开始进城创业就业，从事奶制品生产加工和销售产业，成为了农牧民增收的重要途径。为进一步铸牢中华民族共同体意识，正蓝旗将认真贯彻落实自治区党委政府和盟委行署关于推进奶业振兴、助力农牧民增收的决策部署，积极传承少数民族传统奶食文化，推动全盟民族奶制品产业持续健康发展。

一、畅游怡人景区

元上都遗址： 元上都遗址（图 6-12）位于正蓝旗上都镇东北约 20 公里处的金莲川草原上，因地处滦河北岸又有滦阳、滦京之称。

元上都是世界历史上最大帝国元王朝的夏都，是元太祖成吉思汗之孙忽必烈于公元十三世纪中叶在中国北方草原上建立的都城，与元大都（今北京市）共同构成元朝两大首都，是当时中国乃至世界的政治、经济、军事及文化中心，是一座国际性大都会，曾与巴黎、罗马等大都市一样闻名于世，在欧亚大陆上具有重大影响。

图 6-12　元上都遗址

元王朝在 1256-1358 年统治的百年间成为横跨欧亚的强大帝国，征服了四十国，拥有三千万平方公里的疆域，在人类历史上产生了广泛深远的影响。作为元王朝的都城理所当然成为当时世界的政治、经济、文化中心。就是这样一座富丽堂皇的大都市，在 1358 年时被农民起义军所焚毁，之后又几经战乱，最终荒废成为"一座拥抱着辉煌历史文明的废墟"。尽管这座古城已被战火焚毁，但它的各方面的影响力仍然是巨大的，它不仅是元朝辉煌历史的实物见证，对于研究元朝历史及蒙元文化具有独特的历史、艺术和科学价值，它也是中华民族乃至世界各民族人民的宝贵遗产。它虽然经历了一次又一次的风雨洗礼，仍较完整地保留了原貌，是目前保留最完整的草原都城。它是一个朝代的记忆载体，同时也记录了生活在金莲川草原上的察哈尔蒙古族的伟大的历史变迁。

元上都遗址凭借其厚重的历史价值和深远的意义相继荣获了诸多荣誉，1964 年，被确定为"内蒙古自治区重点文物保护单位"。1988 年，被确定为"国家重点文物保护单位"。1996 年，被列入中国政府向联合国教科文组织世界文化遗产中心申报世界文化遗产的预备名录。2006 年，被中华人民共和国民族事务委员会评为"全国民族文化旅游十大品牌"；被中共内蒙古自治区党委宣传部、内蒙古自治区旅游局评为"内蒙古十大历史名胜"；2012 年 6 月 29 日，在俄罗斯圣彼得堡进行的第 36 届世界遗产委员会会议上讨论并通过被列入《世界遗产名录》。

敖包希热公园：敖包希热公园位于上都镇侍郎城大街，占地面积 31 公顷，公园内修建了健身场地、安装了种类齐全的健身器材，园内道路纵横交错，安装了造型别致的景观灯、路灯、草坪灯，修建了形状奇特的三角亭、六角亭、蘑菇亭、圆亭，修建了景致逼真的假山。栽植各种乔灌木 2500 余株，有丁香、山桃、榆叶梅、樟子松、云杉、银中杨、旱柳、垂榆、火炬、榆树、杨树等多个树种，种植有串串红、翠菊、万寿菊、牵牛花、小丽花、蜀葵等多种花卉。

公园投入使用后极大地丰富了上都镇居民的文化生活，成为一处放松身体、愉悦精神、陶冶情操、体现文明的地方。

高格斯台河风景区： 高格斯台郭勒意为"韭菜之河"，它位于 207 国道 120km 处以西的浑善达克沙地之中，这里有天然沙漠风光，一条常年流淌的溪水不知疲惫地伸向沙漠深处。这里林草繁盛，水草肥美，素有"空中牧场"之誉。

高格斯台河（图 6-13），无私地滋润着河两岸繁盛、肥美的林草。环绕着它身边的草原夏天气候温润，凉爽宜人，登高眺望颇有几分"江南水乡"的风姿。远远望去碧水弯弯，在茫茫沙地和榆柳中时隐时现，葱郁的草木，连绵的沙丘，潺潺的流水，珍珠般散落的畜群，构成了这里独特的迷人风光。

沉寂的沙山静静地躺在蓝天下，反射着金色的光泽。沙链、沙丘、沙山线条多样而柔和，那些线条就像大海泛起的波浪，一层层推到天边，真可谓是"千姿百态"。沙滩上有碎碎的小脚印

图 6-13　高格斯台河风景

图 6-14　忽必烈广场

划出的长长的轨迹，那是沙地鼠、小野兔的杰作。它们小小的身体在远处跳跃，在空中不断划出优美的曲线。畅游此地你可以摘黄花于林间，采蘑菇于草丛，可以看鸟儿翱翔，看鱼儿嬉戏。徜徉于绿色草甸，你会感觉到草原的浩瀚苍茫，遨游于沙河之间，你会感觉到草原的雄伟博大，驱车于沙丘、草原间，你会感觉到草原美景的神秘悠远。

忽必烈广场及文化休闲体育广场：忽必烈广场（图6-14）位于正蓝旗人民政府南侧，广场面积20万平方米，广场的中心是一座75米见方的古式城，城内是一个下沉广场，其中央4.8米高台上耸立着一尊七米高，重12吨，骑着骏马，目光炯炯的元世祖忽必烈铜铸雕像。城墙内侧镶嵌着记载元朝历史、文化、科技、军事、商贸等内容的汉白玉浮雕群。忽必烈广场是集历史、文化、休闲、娱乐、健身于一体的广场，是上都镇一大亮点工程。其设计理念是"废墟中的文明、碎片中的记忆"。主入口金莲花广场和景观大道，就像一把巨大的钥匙，象征着用这把钥匙来开启蒙元文化记忆之门；山丘和溪流象征正蓝旗的低山丘岭地形及闪电河流。入夜，美丽的忽必烈广场华灯初上，灯火辉煌，像一颗璀璨的明星闪耀在城市的中心，给这座安逸舒适的小都市增添了无限的魅力，其美丽的夜景和浓郁的蒙元文化吸引了许多中外游客前来观光游览。

文化休闲体育广场位于忽必烈广场东侧，面积 10 万平方米，2007 年建设当年投入使用，包括一个标准塑胶运动场，4 个灯光篮球场，2 个排球场，2 个网球场，2 个门球场，2 个羽毛球场，活动器材近 100 件，是居民健身、休闲、娱乐的好场所。

慧温河景区：慧温河（图 6-15）也叫黑风河，位于正蓝旗上都镇东北四十华里外，山美水秀，树奇花艳，自古以来就是牧民"逐水草而居"极佳的夏营地，也是牧民举行那达慕的理想场地，被人们誉为"天然公园"。景区内的山、水、林、草浑然一体，处处体现了塞外草原的风情神韵，好似一幅色彩斑斓的风景画，镶嵌在白沙绿茵中的顶顶毡房，珍珠般洒落的畜群，满山遍野开放的山丹丹、兰花、芍药花、金莲花，构成了

图 6-15 慧温河

勃勃生机的绿色世界。在绿色和金色之间，一条河流蜿蜒流淌，这就是慧温河。

慧温河风景区不仅有秀丽的自然风光，夏季还是游牧的好地方，白色的羊群、赤色的马群、黄色的牛群、金色的驼群，流动在慧温河两岸，宛如珍珠玛瑙，在阳光、白云、蓝天的映衬下，显得晶莹剔透，湖光山色如诗如画。在河的沿岸，有许多与河水相连的草原湖泊，当地人称为"淖尔"。淖尔里芦苇茂密，鱼虫丰富，引来群群水鸟在这里筑巢做窝，繁殖后代。在清静、宽阔的水面上，天鹅、大雁、野鸭、河鸥悠闲地游戏、梳洗，岸上，一对对灰鹤翩翩起舞，姿态优美。森林深处，绿草丛中，洁白的蒙古包是牧民的夏营地。每到傍晚，日落牧归，炊烟袅袅，晚霞辉映，秀丽迷人。

浑善达克沙地：浑善达克沙地（图6-16）是内蒙古四大沙地之一，总面积2.38万平方公里，在正蓝旗的面积达6700平方公里，占正蓝旗总面积67%。沙山沉静地躺在蓝天下，反射着金色的光彩。沙地分布着许多湖泊、湖水清澈如水晶。沙链、沙

图6-16　浑善达克沙地

丘、沙山线条多样而柔和，一层层推到天边。

姿态各异的榆树在这里生长了几百年甚至上千年，有的根系已被风沙吹得露到地表，却依然顽强地生长着。万里明沙中，长风凛冽，依然有生命的存在，这就是神奇的浑善达克沙地，它形成于22万年前，横亘在正蓝旗的北部，构成了旷世奇观。浑善达克在蒙古语里是"孤驹"的意思。据说当年成吉思汗南下征金时，带领蒙古铁骑穿越这里，以他胯下的白色良骥"孤驹"，为这片不知名的沙地命名。黄沙、碧水、青草、牛羊、蓝天、白云编织出一幅美丽的画卷。目前浑善达克沙地成为京津游客休闲度假的绝好去处，是都市里人们释放工作压力、抛却生活烦恼、清静养生娱乐的世外桃源。

金莲川滨河湿地公园：正蓝旗金莲川滨河湿地公园位于上都镇北上都河畔，2008年开工，占地4000亩，建有开平城、1256标志性建筑、风帆广场、金莲花广场、三孔桥、观光群岛和木栈道等建筑，形成了一个风格各异、独具魅力的建筑群。

作为天然湿地，该地区原为一处秀丽湖湾，水壤交错，更有白鹭飞天、蛙鸣鸟啾之境。湿地公园是一个自然与文化相融的个性独具的原始时尚休闲景区，汇集了生态环境、度假休闲、旅游观光、科普教育等功能于一体。景区在突出"自然、生态、野趣"的基础上，融入观景、人文、休闲和游乐等要素，规划设计了湿地渔业体验区、湿地展示区、湿地生态栖息地、湿地生态培育区、水乡游赏休闲区、湿地生态科教基地、原生态湿地保护区等七大功能区，全面展现了现代水上田园的自然生态景观。

在两岸造景，形成"人水亲和、城水相依"的特色，带动河滨土地升值，成为招商引资的一张亮丽名片，生物类别多种多样，有丹顶鹤、大雁、野鸭等珍贵鸟类200多种。每到夏季，蓝天碧水，芦苇荡漾，群鱼戏莲，百鸟欢歌。

　　滨河湿地公园建成后，吸引了许多珍贵鸟类来此栖息，进一步丰富了我旗的生物品种，建成后将成为居民休闲、娱乐、健身场所和提升上都镇城市品位、改善人居环境、拉动城市发展的靓丽文化设施，成为集"水、岸、滩、堤、路、景"于一体，展示人文、自然景观的大型开放式生态园林景观带。湿地公园成为了市民休闲、娱乐的好去处，而且带动了附近土地的升值及周边的经济发展。

　　滨河湿地公园本着"立足保护、合理利用，平衡湿地保护与城市开发，实现可持续发展"的原则，从地域景观、特色创造、旅游吸引力、文化融合、生态环境保护等方面入手，通过加强水源保护、营造湿地景观、融合地域民族文化、服务城市与居民、改善湿地生态环境等多种有效措施，将湿地公园划分为湿地保育区、湿地生态功能展示区、湿地体验区、服务管理区等四个功能区。

　　金莲川草原：盛夏时节，湛蓝高空下无边的草原上，金莲花遍地盈野，热烈地喷吐着芬芳，流溢着金辉，显示这片土地的高贵与神秘。这就是驰名中外、享誉古今的金莲川草原。据史料记载："金莲花（图6-17），花色金黄，七瓣环绕其心，一茎数朵，

图6-17　金莲花

若莲而小。六月盛开一望，遍地金色灿然，至秋花干而落。味极凉，佐茗饮之，可疗火疾。"金莲花以其顽强的生命力，盛开于塞北的草原，为正蓝旗富饶的土地增添了无限秀色。除金莲花外，这里还生长着雪绒花、西伯利亚蓼、蒙古石竹、野罂粟、粉报春、二色补血草、画眉草和蒲公英等各色野生花草，故金莲川又被称为"七彩"草原。

每当人们游览元上都遗址的时候，不禁为金莲川的景色所陶醉，那盛开不衰的金莲花仿佛在向人们诉说着昔日的风韵。忽必烈汗就是在这样一片美丽的草原上建立了"金莲川幕府"，就是在"金莲川幕府"的鼎力辅佐下才有了元朝的建立，才有了大元朝日后的繁荣与辉煌。

纳·赛音朝克图纪念馆：纳·赛音朝克图（1914-1973年），原名赛春阿，察哈尔正蓝旗二苏木（今正蓝旗扎格斯台苏木希日巴嘎）人，蒙古族，我国著名蒙古族诗人，蒙古族现代文学创始人，作家、翻译家，中国蒙古族新文学奠基人。他的故居坐落在正蓝旗扎格斯台苏木。历任中国作家协会理事、内蒙古文联副主

图 6-18　纳·赛音朝克图纪念碑

席、中国作家协会内蒙古分会主席、《诗刊》编委、全国政协第四届委员等职。1999 年，蒙古族文学史上第一部全集《纳·赛音朝克图全集》问世。他的作品是人类文化宝库中的珍贵遗产。（图 6-18）

乌和尔沁敖包（图 6-19）生态旅游区：乌和尔沁敖包是正蓝旗的最高峰，海拔约 1674 米，它位于上都镇东北约 30 公里处，距世界文化遗产元上都遗址约 20 公里。山上有茂密的原始次生林，有潺潺的溪流，有各种各样的奇花异草，有种类繁多的野生动物，还有很多可以采食的山珍野果。

登上高高的乌和尔沁敖包顶峰，极目远眺，南面可尽观金莲川的迷人景色，北面可看到浩瀚的浑善达克沙地风光，西则重峦叠嶂，烟波浩渺，东则林涛碧波，绿海无边。传说元世祖忽必烈当时来上都城避暑时，总要登上此山观赏家乡的大好河山，每逢狩猎也要以此山为制高点，观察猎物行踪。"山不在高，有仙则灵"，当地牧民每年五月都要来这里进行大大小小的祭祀活动，

图 6-19　乌和尔沁敖包

方圆几十里的牧民都会从四面八方赶来，共同祭祀，祝福吉祥。这也是先人称之为"万寿山"以示祖先永存的用意吧。

在这里，你可以欣赏到大自然无与伦比的美景，享受到上天无与伦比的恩赐，在这里，你可以参拜神秘的乌和尔沁敖包，许下自己美好的心愿，在这里，你可以参加庄严肃穆的祭祀敖包仪式，领略这里特有的风俗民情，在这里，你可以到昌图敖包下的淖尔里嬉戏、垂钓，尽情享受人生，在这里，你可以穿越时空体会皇家狩猎的乐趣，这就是美丽的"万寿山"，我们的乌和尔沁敖包！

小扎格斯台淖尔生态旅游区：小扎格斯台淖尔（图6-20）素有"沙地明珠"之称，距世界文化遗产元上都遗址35公里。水面面积6700亩，南部与乌和尔沁敖包林场原始次生林区相连，北部为延绵起伏的浑善达克沙地，草地、山水、林地与沙地融为一体，景致独特。"扎格斯台淖尔"，蒙古语为"有鱼的湖"，湖中鲫鱼、鲤鱼、草鱼、鲢鱼等各种鱼类应有尽有。这里，岸上

图6-20　小扎格斯台淖尔

青草成片、野花盛开；水中鱼儿戏耍，野鸟成群；蔚蓝的天空流动着的白云；远处有成群的牛羊在太阳底下懒洋洋地吃着青草。洁白的蒙古包如点点繁星般跌落在绿色的原野上。这里也是各种候鸟的乐园，每到夏季，鸟类繁多，除百灵外还有天鹅、红嘴鸥、遗鸥、野鸭、灰鹤等。它们将巢筑在水边的苇秆间草丛里，产下的各色蛋散布其间。湖周围是蒙古族牧民的夏营地，人们在领略湖光水色之后，还可以体验蒙古民族骑马、歌唱、摔跤的情趣和手扒肉、奶酒的香甜。小扎格斯台淖独特的地理位置和景色，是夏季旅游、消暑、垂钓、水上游艇、休闲，体验沙漠湖光、山水、森林与民族风情的理想之地。

元上都博物馆： 元上都博物馆占地面积 9900 平方米，建筑面积 3000 平方米，为上下两层建筑，分四个展厅，一个影音观摩厅，以及古玩、工艺品商品部。博物馆整体以蒙元文化、元上都城、察哈尔民俗和正蓝旗为主体，馆内收藏大量的元朝珍贵古董文物。

博物馆的建成，使得作为元上都遗址所在地的正蓝旗第一次有了一个以图文、实物为展区的博物馆，供前来游览、凭吊元上都遗址的中外游客参观。

元上都博物馆现已被评为国家 3A 级旅游景区，是正蓝旗上都镇标志性建筑，同时也是元上都遗址所在地的金莲川草原上新的历史时期标志物。

二、领略民俗风情

察哈尔传统婚礼： 通常男子到结婚年龄时，由父母看中某家姑娘后，请长者或喇嘛看双方生辰属相是否相配，如无克忌则请"昭齐"（媒人）选吉日携带礼品、哈达到姑娘家求婚。姑娘家长如将礼品收下，求婚即算议成。通常台吉家族子女不允许通婚，意在避免因血缘关系造成近亲结婚。

定亲是婚礼中重要仪式，男方通常要携带全羊、白酒、哈达、月饼等礼品到女方家登门拜访商谈议定彩礼。彩礼主要是送牲畜或银元。彩礼要视男方家庭经济情况而定，通常要送彩礼大畜五头、小畜十只、银元数十块。最低也要两头大畜、五只小畜、银元二十块。彩礼议定后要举办订婚喜宴，喜宴要上"乌叉"（即羊背子）、奶酒等，并唱敬酒歌，祝订婚贺辞。喜宴上双方议定婚礼吉祥日，下请帖，定伴郎伴娘，请喇嘛诵喜庆经，女方为出嫁姑娘准备嫁妆、礼品等事宜。

议定的良辰吉日到来之时，男方要设酒宴招待陪同新郎迎亲的亲朋好友，由喇嘛诵经祝福娶亲顺利吉祥。

与此同时，女方家中也宾客云集，放"乌叉"（羊背子），欢歌畅饮喜庆酒，等候娶亲人们的到来。通常要请善于辞令、熟悉礼仪、酒量较大、能歌善舞者充当"代东人"。

迎亲人数须双方事先议妥，应为奇数，一般为五至九名。新郎着民族新装、挎箭袋，携带给新娘制作的蒙古袍、坎肩、靴子、耳坠及送给女方亲眷的礼品。礼品视家庭经济情况而备。赠送礼品时，必须亲手送递到接受礼品者手中，否则认为不恭敬。

当娶亲的马队到来时，女方以代东人为首，祝辞人、数名敬酒人出来迎接。这时女方祝辞人开始以朗诵的形式向娶亲人提问，双方互问互答，言辞流畅，幽默而情趣横生。除沿用古老的喜庆词语外，还要即兴提问，随意发挥，见人论人，见景论景，这充分表现了蒙古部落浓郁的民族风情，是婚礼中一项传统的喜庆形式。

祝词人完成这种形式后，将迎亲人请进蒙古包。代东人高声宣布婚宴开始。婚宴上摆放"乌叉"，上茶点、敬美酒，女方还让事先邀请来的女歌手高唱喜庆的婚礼歌曲，而后新郎逐次按亲朋辈分敬酒，男方祝辞人高举酒杯唱诵祝酒歌。

　　婚宴持续时间长短视新郎家远近而定，新郎家如相距较近，婚宴结束后，迎亲人当日可返回，如果相距较远，婚宴要持续到第二天清晨，以便迎亲人可以日落前返回新郎家。送亲临别时，还要再次欢唱送亲歌。歌词大意是告诫姑娘到婆家要孝敬长辈、夫妇和睦、照看好牲畜和不要忘记父母养育之恩等。

　　行前装扮一新的新娘要由伴娘、陪嫂陪同，坐在毡房内东南侧的坐垫上等候新郎，此时，新郎由陪嫂及迎亲人陪同走进毡包，为了显示男子汉的阳刚之气，将一根羊胫骨粗的一端让新娘握紧，细的一端用左手握紧，用右手大拇指将一块粗哈达（称为散白）包住髁骨压下后，再装入右靴筒内。出门时，男方陪嫂给新娘戴上新呢帽，蒙上紫红面纱，送上马背，告别亲人，走向新的生活。途中，新娘快马而驰，新郎要纵马追赶上新娘，并从里侧抓住马嚼子，用箭头将新娘蒙面纱挑开，端详新娘面貌，双方发出会心的微笑。

　　迎亲队伍到家后，要顺时针乘马绕浩特三圈，然后由属相相合者将新娘扶下马，踩着事先准备的毡子或地毯进入新房，不能直接脚踏土地。进入新房后，由伴娘用新郎佩戴刀鞘中的单股筷子分理新娘的头发，进行梳头、佩戴首饰、换上新装。一切准备就绪，开始拜佛、拜火、拜见上辈和亲眷。新媳妇叩拜时，婆母要给请来的喇嘛献哈达，并请为儿媳赐名，让儿媳尝鲜奶，亲手为儿媳佩戴金或镶红珊瑚的戒指、手镯，亲吻儿媳右脸。

　　由于新娘佩戴较沉重的头戴，行叩拜礼时，只要点头即表示磕头。然后由代东引导，按辈分、年龄依次拜亲朋。新娘行叩拜礼时，对方要赠送礼品，多赠送适龄母畜（牛马驼羊），象征人畜兴旺，也可赠以金银珠宝、衣物等。

　　磕头礼仪结束后，新娘倒着退出毡包，重新梳洗装扮后，再进入包内，由新郎新娘双双向众亲友请安问好，再依序向长辈敬换鼻烟壶。

婚宴后，由陪嫂将新婚夫妇引入新毡房，由祝辞者将热羊尾、四根长肋骨插放在蒙古包东西两边的乌尼上（蒙古包的支撑架），同时还要唱诵新房赞美词。赞美词淋漓尽致地唱出了新房如意吉祥，并请新郎新娘分食羊尾、肋骨，以象征夫妇白头到老、患难与共、人丁兴旺、牛羊满坡、忠贞不渝、永不分离。

送亲人返回时，男方长辈不出门相送，由代东在包前摆酒席，为送亲者敬酒三杯，称为送行上马酒，新郎和伴随人员事先快马赶在送亲人前面，为他们行礼送别。

如路途较远，婚宴将彻夜进行。夜晚双方陪嫂将新婚夫妇引入洞房，帮助二人将外衣脱下，请他们躺在一起，共枕在一个枕头上，以示同寝共枕，合欢美好。

正蓝旗蒙古族察哈尔服饰：察哈尔服饰继承和发展了传统服饰款式风格，吸取各地服饰的可取之处，从而出现了各地蒙古民族可以接受的较典型的款式风格。同时他们的穿戴有蒙古元代皇

图 6-21　冬季察哈尔人穿着

宫的"久松"（音译指相同的颜色）服装的特色，领口、大襟不绣花，领边、领座、大襟、垂襟和开衩衣边用绸布进行镶边。察哈尔人不分男女老少都穿两边有开衩的长袍，夏季一般穿衬衣，单、双缎袍，裤子；冬季穿白皮袍、带面皮袍、山羊皮袄、皮裤、棉裤（图6-21）；春秋一般穿"召布查"长袍，棉袍、夹裤、套裤。察哈尔人的传统礼节中有相互赠送服饰表示美好祝福的礼俗。穿蒙古袍就必须头戴蒙古帽、脚穿蒙古靴、腰扎腰带"布斯"，才能整齐、美观。

随着社会经济的发展，民族的演变，现在大多数的察哈尔妇女已不穿戴古老的头饰和制作精美的长坎肩，无腰带长袍；男子也不穿坎肩、马褂、不佩戴褡裢、餐刀等。但人们却完好地保存着妇女的传统头饰和男子佩戴装饰物，以示对它们的热爱。

祭敖包：祭敖包（图6-22）是正蓝旗蒙古民族在每年夏季都要举行的一项传统活动，人们通过这项活动来祈神降福、保佑

图6-22 祭敖包

风调雨顺、家畜兴旺、无病无灾、大吉大利、财源茂盛等。正蓝旗境内敖包的形式大体是南部的敖包多用石头垒起，少数用石头堆起后再用柳条围起来，主要以中间一个大堆，周围陪衬小的敖包为主；北部沙漠地区多用柳条围子堆土围筑，主要以单独一个敖包为主。

正蓝旗比较典型的敖包有：乌和尔沁敖包、杭哈拉敖包、伊和海日罕敖包等。每年的六七月，当夏季到来，畜草肥美的时候牧民们便举行祭敖包活动。祭敖包的场面非常隆重热烈，牧民们都带着祭祀用品赶来参加。主要祭祀形式是献鲜奶、哈达、为敖包添石头，向敖包跪拜、磕头，有条件的地方还要请活佛和喇嘛念经、焚香、酹酒。最后，所有参加人都要围绕敖包从左向右转三圈来祈神降福。

蒙古包：在辽阔的金莲川草原上，寒风呼啸，大地点缀着许多白色的帐篷，它们就是蒙古包。

蒙古包（图6-23）是对蒙古族牧民住房的称呼。"包"是家、屋的意思。蒙古包是蒙古民族传统的住房，古称"穹庐"，又称毡帐、帐幕、毡包等。蒙古语称格儿，满语为蒙古包或蒙古

图6-23 蒙古包

博。游牧民族为适应游牧生活而创造的这种居所，易于拆装，便于游牧。自匈奴时代起就已出现，一直沿用至今。蒙古包呈圆形，四周侧壁分成数块，每块高 130 ～ 160 厘米、长 230 厘米左右，用条木编成网状，几块连接，围成圆形，上盖伞骨状圆顶，与侧壁连接。帐顶及四壁覆盖或围以毛毡，用绳索固定。西南壁上留一木框，用以安装门板，帐顶留一圆形天窗，以便采光、通风，排放炊烟，夜间或风雨雪天覆以毡。蒙古包最大的可容数百人。蒙古汗国时代可汗及诸王的帐幕可容 2000 人。

　　蒙古包分固定式和游动式两种。半农半牧区多建固定式，周围砌土壁，上用苇草搭盖；后者以牛车或马车拉运。中华人民共和国建立后，蒙古族定居者增多，仅在游牧区尚保留蒙古包，即蒙古人所称的"格尔斯"。自从有蒙古族以来，人们就开始使用蒙古包。但究竟是何时开始使用的，无人知道确切的时间。蒙古包成为蒙古人的日常居所。大多数蒙古人是游牧部落，终年赶着他们的山羊、绵羊、牦牛、马和骆驼寻找新的牧场。蒙古包可以打点成行装，由几头双峰骆驼驮着，运到下一个落脚点，再重新搭起蒙古包。

　　民族歌舞：蒙古族自古以来就以能歌善舞著称。蒙古族人善于用舞蹈淋漓尽致地表现牧人的生活，表达牧人的美好情感，有了高兴事就要跳舞。蒙古族舞蹈最鲜明的特点，就是节奏明快，表现了他们开朗豁达的性格和豪放英武的气质，具有强烈的民族特色。说蒙古族是以歌舞为伴的民族一点都不为过。怎样跳好蒙古舞呢？首先是通过肢体训练达到肢体的解放，肢体的解放是把握蒙古族舞气质的基石；其二是把握民族气质；其三是在把握气质的前提下恰到好处地处理动作节奏。在蒙古舞蹈的风格中，体现在动态上的最鲜明、最有表现力的特征部位是肩、臂和腕。蒙古族舞中有柔肩、耸肩、弹肩、甩肩、抖肩六种"肩功"，练就一番炉火纯青的肩功应一步一个脚印地从单一的硬肩训练起。如从硬肩到柔肩，柔肩即具有对硬肩的"夸张化"的特征，在相同的动态中柔肩应发力缓慢，通过训练在松弛自如的状态中具有力度韧性、弹性和灵活性。同样，在训练臂腕的过程中，也应以单一的提压腕开始练习。在肢体的训练中，除了讲究稳扎稳打，还应注意一点就是舞者在心理上产生美感效应。对柔肩的审美体验应该是一种概念性的反射，即延续慢发力、幅度大、呈连绵不断的波浪状，充满延伸的质感，而对弹肩、硬肩则应有快发力、幅度小、有棱有角、瞬间静止的审美意识。在训练当中要一直要保持一种蒙古族的基本形象和精神气质，透过这种情感、形态、运气、发力的典型表现，表达出一种"圆形、圆线、圆韵"。蒙古族人民的精神特征是由草原生活的点点滴滴积淀而成的，主要表现为勇敢、热情、爽直的性格，反映在舞蹈中，应该要折射出"天之骄子"的豪迈气质。如双臂延伸动作的象征意义，宽阔的胸怀、坦荡的性格；肩部的动律呈现出流动感，而身体习惯于侧向，眼睛时而极目远眺，时而俯临前方，表情明朗豁达而又坚毅，这一切体现出一个文化传统悠久的民族舞的素质。

"那达慕"大会："那达慕"大会是蒙古族历史悠久的传统节日，在蒙古族人民物质生活中占有重要地位。每年七八月牲畜肥壮的季节举行"那达慕"大会。这是人们为了庆祝丰收而举行的文体娱乐大会。"那达慕"，蒙语的意思是娱乐或游戏。"那达慕"大会上有惊险动人的赛马、摔跤，令人赞赏的射箭，有争强斗胜的棋艺，引人入胜的歌舞。大会召开前，男女老少乘车骑马，穿着节日的盛装，不顾路途遥远，都来参加比赛和参观。大会第一项一般是摔跤比赛，摔跤手脚镫高筒马靴，下身穿宽大的绸缎摔跤裤，上身穿"昭得格"（一种皮革制的坎肩），在脖颈上围有五彩缤纷的饰物"江戈"，像古代骑士一般跨着大步，绕场一周，便开始激斗。赛马也是大会上重要的活动之一。比赛开始，骑手们一字排开，个个扎着彩色腰带，头缠彩巾，洋溢着青春的活力。赛马的起点和终点插着各种鲜艳的彩旗，只等号角长鸣，骑手们便纷纷飞身上鞍，扬鞭策马，一时红巾飞舞，如箭矢齐发。先到达终点者，成为草原上最受人赞誉的健儿。射箭比赛也吸引着众多牧民。技艺高超者可百发百中，赢得观众的阵阵喝彩。"那达慕"大会又是农牧物资交易会。除了工业和农副产品外，还有具有民族特色的饮食，如牛羊肉及其熏干制品、奶酪、奶干、奶油、奶疙瘩、奶豆腐、酸奶。

大小型那达慕的召开，一般都集中在每年的春夏秋三个季节，而且每次必须进行赛马、搏克、射箭三个体育项目。蒙古人把这三项比赛叫为"好汉三技艺"。 那达慕由较有名望的长者来主持。开幕式，主持人献上洁白的哈达，朗诵颂词，其主要是赞美草原上的英雄搏克、飞快的骏马和著名的射手们，并预祝那达慕的胜利召开。

图6-24　冬季那达慕

那达慕历来不是单一的体育项目，而且是草原文化、经济和信息的盛大交会。那多姿多彩的民族杂技、服装、蒙古舞蹈和蒙古歌剧把蒙古民族的风土人情集于一台，展示了草原人民勤劳勇敢、豪爽热情的性格；以范围广泛的经贸洽谈和产品展示，将内蒙古的资源优势和发展前景介绍给海内外的宾客。（图6-24）

正蓝旗奶食节（图6-25）：正蓝旗早在元、清朝时就是皇室的奶制品供应基地，"蓝旗奶食甲天下"，正蓝旗奶制品因其历史悠久，工艺独特，味道鲜美，营养丰富而在国内外享有盛名，在中国传统奶制品加工历史上占有独特地位，蓝旗奶食主要有奶豆腐、奶酪、奶皮子、奶油、楚拉等几十种，以奶制作的饮料有奶茶、奶子酒、酸奶等几十种。纯天然传统奶制品中含有丰富的乳、油、糖等物质以及多种维生素等营养成分，有促进人体新陈代谢，健脾开胃，延年益寿功效。

正蓝旗从2006年开始，每年都要举办奶食节。活动期间，具有上都文化特色的奶食宫廷舞蹈，有皇家奶制品及奶制品加工工

图6-25　正蓝旗奶食节

艺的展示，有宫廷奶食的评比，为观众献上了丰富的文化大餐。

目前正蓝旗有腾格里塔拉、杭克拉、阿格腾艾里、乳泉察哈尔、萨拉沁等 10 多家奶食传统奶制品厂，从业人员 2000 多人，全旗奶制品年产量 200 万公斤，蓝旗奶食系列产品销往国内 20 多个城市、100 多个旅游景点、60 多家大型超市以及东欧等国家地区。

2008 年，正蓝旗被命名为内蒙古自治区"察干伊德文化之乡"即奶食之乡。成立了正蓝旗传统奶制品协会，计划建立奶制品园区，完成"中国蒙古族传统奶制品生产基地"和"正蓝旗传统奶制品原产地"的标识申报。

金莲川赏花节：以"以花为媒、以花促游，体验生态之旅、品味蒙元民风"为活动主题的正蓝旗金莲川赏花节已成功的举办了四届，吸引过来自全国数十个省、市、地区以及日本、新加坡等地的上万名游客和记者参加。赏花节的成功举办不仅使游客切身体验到了正蓝旗独特的自然风光和深厚的蒙元文化底蕴，也扩大了正蓝旗旅游资源的影响力，提高了正蓝旗金莲川草原的知名度，提升了金莲川草原原生态旅游产品的品牌形象，为今后旅游业的发展开拓了一个更为广阔的空间。把原生态的草原风光和体验式的活动项目结合起来的旅游形式，符合当今社会旅游者追求新颖、追求体验、追求自然的要求，活动是在做好传统旅游的基础上，做强正蓝旗金莲川草原的品牌旅游，实现了精品旅游为目的。有效地宣传了正蓝旗独特的旅游资源。此次活动的成功举办，坚定了正蓝旗以旅游业拉动经济发展、以"旅游兴旗"的决心。

三、娱乐活动

羊拐：羊拐（新疆叫作阿斯克。东北地区叫作"嘎拉哈"，源自满语：gachuha。）是旧时代北方（尤其东北）小女孩的玩具，是羊的膝盖骨，只是后腿有，共有四个面，以四个为一副，能提高人们的敏捷力。以小羊拐为上品。此外，人们还常常将羊拐涂成红色。由于当时并没有过多的牛羊肉，羊拐在女孩子们的心中便成为一笔珍贵的财富。这种骨头不仅在羊身上有，猪牛身上及野狍子身上也有。北方小姑娘多喜欢此游戏。在河北称骨头子儿。

蒙古鹿棋（蒙古族鹿棋）：蒙古语称"宝根·吉日格"，是传统的启智类游戏。棋子模拟狗和鹿的争斗过程，是蒙古族传统娱乐项目之一。反映了蒙古族人民的聪明与智慧，在智慧类的民间体育中有着很好的学术价值，对于研究蒙古族的历史、民俗、社会有着较好的借鉴作用。列内蒙古自治区第一批自治区级非物质文化遗产、吉林省第二批非物质文化遗产名录增补项目。

蒙古象棋：蒙语称为"沙塔拉"，亦写为"喜塔尔"，这是阿拉伯"沙特拉兹"的转音。是自蒙古古代社会就流行的一种棋种。蒙古象棋的某些走法与国际象棋相同。但是蒙古象棋又有自己的特色，如马无别足限制和不得最后将死对方的官长，官长和车之间一般不能易位，需易位时，先动官长向车走两格，然后让车从官长上面跳过去，马或驼不能直接做杀，一般不允许吃光对方，要给对方留一子。它的棋盘是由颜色深浅交替排列的六十四个小方格组成的正方形，与国际象棋的棋盘一模一样。浅色的叫白格，深色的叫黑格，棋子也分白黑两种，共三十二个，双方各有一王、一帅、双车、双象、双马和八个小兵。不同的是，蒙古象棋把象刻成骆驼，把兵刻成猎狗的形象，增添了草原游牧生活的气氛和特色。在民间，玩蒙古象棋仍然是古波斯的走法，这也是国际象棋原来的走法。

布鲁：布鲁是蒙古族狩猎和放牧的工具。早期的布鲁大都是榆木制作的，后出现头部带有金属的布鲁。按用途和形状的不同，布鲁可分为"朱日很布鲁"、"图古乐根布鲁"和"海雅木拉布鲁"三种。"朱日很布鲁"用铜、锌、铁、铅铸成鹊卵大小的椭圆形小球，然后用铁线串起拴在布鲁头上，多用于野外行走或夜晚出行时当作防身武器。"图古乐根布鲁"在布鲁头部用刀刻制细而深的花纹并灌入铅而成，用于掷远和打猎。"海雅木拉布鲁"头为扁形，握柄为圆形，是日常生活中最普遍使用的布鲁。布鲁比赛分掷远和投准两种。掷远布鲁为"海雅木拉布鲁"，投准布鲁为"图古乐根布鲁"。掷远时按一定的距离，用规定布鲁掷远，掷出最远者为胜。投准时按一定的距离立一物，选手投三次，投准多者为胜。

赛马：蒙古民族在长期的征战、狩猎和游牧生活中，形成了喜骑、善射、竞技角力等民族习俗。每逢重大庆典、祭祀活动，各部落间常以赛马（图6-26）、射箭、摔跤活动增进友谊，习武娱乐。因早期参与这类活动的多为男人，故被称为"男儿三艺"，也是那达慕大会的主要内容。

图6-26　赛马

赛马，是那达慕大会最引人注目的项目之一。蒙古族的赛马活动，参赛人数不限，选手的年龄不限，一般多为少年人，最小的只有八九岁。赛程，男子快马 40–60 里，走马 30–40 里，颠马 20–30 里；女子快马 20–30 里，二岁仔马 10–15 里。走马、颠马比赛鞴鞍子。快马比赛，则无论男女老少，均不鞴鞍子，不穿靴子，头束彩巾或戴有彩带的赛马帽，骣骑骏马。比赛的令枪一响，参赛的马就像离弦的箭，疾风一般卷过绿色草原，骑手在飞驰的马背上挥臂加鞭，奋力争先，宛如飞霞流彩。在终点，人们给取得优胜的马和赛马手披红挂彩，优胜者然后走向欢呼的人群，接受人们的赞扬和祝贺。历史上的赛马按既定距离跑直线，一赛即决。现代的赛马，多在专门的赛马场（或临时设的赛马场）跑圈，赛程分为 3000 米、5000 米、10000 米，复赛定优胜。

射箭： 射箭活动起源于古代狩猎，在漫长的历史进程中，弓箭作为狩猎工具和作战武器的作用逐渐消失，而作为增臂力、练目力的一项重要的体育竞技比赛却流传至今，并不断规范化。

蒙古箭的弓身用竹片制成，竹片内衬角儿，两角相接处是坚木做成的把儿。弓的两端以皮筋为弦拉紧。箭长约 1 米，以柳条做成，鹰羽作尾。箭头用金属或牛角做成。箭靶是用五种不同颜色涂成的毡片靶，靶心是活动的，射中后靶心就可掉下来。

射箭比赛分立射（静射）和骑射两种，射程一般为 20–50弓（1 弓为 5 尺）。比赛分男子组、女子组和少年组。立射一般规定每人射 9 箭，分 3 轮射完。以射中的中心环、内环、外环多少来统计分数，决定名次。骑射要求在骑马奔跑中弯弓射箭，尤为壮观。

摔跤： 摔跤，又称搏克，也就是传统的蒙古式摔跤，是蒙古民族传统的竞技比赛项目。锡林郭勒盟的乌珠穆沁草原因多次涌现出著名的跤手而被称为"搏克之乡"。"搏克赛"，此称谓也产生于锡林郭勒盟，亦即蒙古式摔跤的单淘汰赛，有其独特的服装、规则和方法。参赛人数按"那达慕"的规模而定，少则数十人，多则数百人乃至上千人，但无论人数多寡，均为几何级数。在锡林郭勒盟地区召开的"那达慕"摔跤比赛中，参加跤手最多的是西乌珠穆沁旗在 2004 年举行的"挑战吉尼斯世界纪录搏克大赛"，共有 2048 位跤手。吉尼斯总部对大赛进行了全程监督，现场宣布西乌珠穆沁旗 2048 搏克大赛创吉尼斯世界纪录成功并颁发了有关认定证件。大赛现场有十几家新闻媒体进行了直播，现场观众达到了 10 万人次。这次"挑战吉尼斯世界纪录 2048 搏克大赛"，是有史以来在同一时间、同一地点、参赛人数最多、规模最大的搏克大赛。本次大赛成人男子组有 2048 名搏克手（图 6-27）。参赛的跤手身穿"照德格"（就是镶有铜钉的坎肩），下身着白色的大裆裤，腰间系彩绸做的围裙，脚蹬蒙古靴或马靴，袒胸露臂，威风凛凛。有的跤手脖子上还挂着用五颜六

图 6-27　搏克手

色布条制成的"姜嘎"（在历次比赛中获胜的象征物），更显得势不可挡。比赛开始时，2048 位跤手跳着粗犷的"鹰步"上场，个个像展翅的雄鹰。

"那达慕"大会的"搏克"比赛有时非常激烈。由于"搏克"赛不限时间，如果双方实力相当，往往要僵持几个小时，有时甚至更长才分胜负。大型比赛跤手较多，有时要用几天的时间才能赛完。

搏克比赛，现已被列入内蒙古自治区全区运动会、全国少数民族运动会和农民运动会项目。

中国·元上都文化旅游节（图 6-28）：正蓝旗举办的中国·元上都文化旅游节被评为全国民俗类十大节庆、中国十大民俗类节庆金手指奖、最具国际影响力节庆奖。从 2008 年开始，正蓝旗把一系列文化活动整合在一起，由旗委政府主办的中国·元上都文化旅游节已成功举办四届，包括金莲川赏花节、

图 6-28　中国·元上都文化旅游节

正蓝旗奶食节、"元上都"杯贵由赤长跑大赛、"元上都"杯摄影大赛、浑善达克沙地汽车越野赛、搏克、赛马、射箭、蒙古象棋、苏鲁锭祭祀、蒙古民俗展示及文艺表演等一系列文化旅游活动。

元朝国宴质孙宴：元朝实行两都巡游制，每年春季，皇帝带领大批属僚从大都（今北京）北上上都，理政、避暑、祭祀。期间大摆宴席，招待王公大臣等，这种宴会称作"诈马宴"，也称作质孙宴。"质孙"，蒙语称"颜色"之意。质孙宴是融宴饮、歌舞、游戏、竞技于一体的"内廷大宴"。赴宴者着质孙服、一日一换，衣帽颜色一致。元代诗人杨允孚曾作诗描绘此宴，记载了此宴的隆重、豪华和气派，可以说质孙宴是"蒙古宴饮第一宴"。

参考书目

1. 司马迁 . 史记 · 匈奴列传 . 北京：中华书局，1959 年 .

2. 范晔 . 后汉书 · 乌桓鲜卑列传八十 . 北京：中华书局，1959 年 .

3. 赵珙 . 蒙鞑备录 . 上海：上海书店，1983 年 .

4. 雅 · 策布勒 . 蒙古查干伊德 . 呼和浩特：乌兰巴托，1959 年 .

5. 德 · 初达勒 . 奶及奶制品 . 呼和浩特：乌兰巴托，1975 年 .

6. 拉 · 巴勒道尔吉，策 · 纳木斯来 . 蒙古艾日格 . 呼和浩特：内蒙古人民出版社，1990 年 .

7. 那木斯来等 . 蒙古族传统奶制品 . 呼和浩特：内蒙古人民出版社，1983 年 .

8. 罗布桑却丹，哈·丹碧扎拉桑批注·蒙古风俗鉴 . 呼和浩特：内蒙古人民出版社，1981 年 .

9. 哈 · 丹碧扎拉桑 . 蒙古民俗学 . 沈阳：辽宁民族出版社，1995 年 .

10.《蒙古学百科全书》编委会编，扎格尔主编 . 蒙古学百科全书 · 民俗 . 呼和浩特：内蒙古人民出版社，2010 年 .

11. 敖其 . 蒙古民俗 . 呼和浩特：内蒙古大学出版社，2010 年 .

12. 敖其 . 蒙古族民俗文化 · 饮食民俗 . 呼和浩特：内蒙古人民出版社，2017 年 .

13. 达木林巴斯尔 . 蒙古族食谱 . 呼和浩特：内蒙古科学技术出版社，1987 年 .